·超级思维训练营系列丛书·

思维抢座位

SIWEI QIANG ZUOWEI

田永强 ◎ 编著

探索不尽的思维真理

说不明白的多元秩序

中国出版集团 现代出版社

图书在版编目(CIP)数据

思维抢座位 / 田永强编著. —北京:现代出版社,
2012.12(2021.8 重印)
(超级思维训练营)
ISBN 978-7-5143-0998-0

Ⅰ. ①思… Ⅱ. ①田… Ⅲ. ①思维方法-青年读物②思维方法-少年读物 Ⅳ. ①B804-49

中国版本图书馆 CIP 数据核字(2012)第 275883 号

作　　者	田永强
责任编辑	李　鹏
出版发行	现代出版社
通讯地址	北京市安定门外安华里 504 号
邮政编码	100011
电　　话	010-64267325　64245264(传真)
网　　址	www.xdcbs.com
电子邮箱	xiandai@cnpitc.com.cn
印　　刷	北京兴星伟业印刷有限公司
开　　本	700mm×1000mm　1/16
印　　张	10
版　　次	2012 年 12 月第 1 版　2021 年 8 月第 3 次印刷
书　　号	ISBN 978-7-5143-0998-0
定　　价	29.80 元

前　言

每个孩子的心中都有一座快乐的城堡,每座城堡都需要借助思维来筑造。一套包含多项思维内容的经典图书,无疑是送给孩子最特别的礼物。武装好自己的头脑,穿过一个个巧设的智力暗礁,跨越一个个障碍,在这场思维竞技中,胜利属于思维敏捷的人。

思维具有非凡的魔力,只要你学会运用它,你也可以像爱因斯坦一样聪明和有创造力。美国宇航局大门的铭石上写着一句话:“只要你敢想,就能实现。”世界上绝大多数人都拥有一定的创新天赋,但许多人盲从于习惯,盲从于权威,不愿与众不同,不敢标新立异。从本质上来说,思维不是在获得知识和技能之上再单独培养的一种东西,而是与学生学习知识和技能的过程紧密联系并逐步提高的一种能力。古人曾经说过:“授人以鱼,不如授人以渔。”如果每位教师在每一节课上都能把思维训练作为一个过程性的目标去追求,那么,当学生毕业若干年后,他们也许会忘掉曾经学过的某个概念或某个具体问题的解决方法,但是作为过程的思维教学却能使他们牢牢记住如何去思考问题,如何去解决问题。而且更重要的是,学生在解决问题能力上所获得的发展,能帮助他们通过调查,探索而重构出曾经学过的方法,甚至想出新的方法。

本丛书介绍的创造性思维与推理故事,以多种形式充分调动读者的思维活性,达到触类旁通、快乐学习的目的。本丛书的阅读对象是广大的中小学教师,兼顾家长和学生。为此,本书在篇章结构的安排上力求体现出科学性和系统性,同时采用一些引人入胜的标题,使读者一看到这样的题目就产生去读、去了解其中思维细节的欲望。在思维故事的讲述时,本丛书也尽量使用浅显、生动的语言,让读者体会到它的重要性、可操作性和实用性;以通俗的语言,生动的故事,为我们深度解读思维训练的细节。最后,衷心希望本丛书能让孩子们在知识的世界里快乐地翱翔,帮助他们健康快乐地成长!

目　录

第一章　揭开神奇的奥秘

谁是凶手……1
离奇的记事本……2
探察烛液……3
信件之谜……4
巴士奇事……6
多买花钱少……7
不难区分……7
婴儿之死……8
家族之谜……8
蕴含特性的毛玻璃……9
凶器飞来了……11
非洲摄影记事……12
忍耐赛……13
飞机机翼上的炸弹……14
电话趣闻……15
变软的黄金……17
体温计的神奇……18
三枚硬币引发的血案……19

纵火犯是谁 …………………………………………………… 21
伪造自杀 ……………………………………………………… 23
旅馆血案 ……………………………………………………… 25
牵牛花开放的时候 …………………………………………… 26
杀死大卫的凶手 ……………………………………………… 28
如何登陆 ……………………………………………………… 30
缺少不一定就是不好 ………………………………………… 32
不用借氧气了 ………………………………………………… 32
孙子没事 ……………………………………………………… 33
他杀还是自杀 ………………………………………………… 34
刘伯温用画进谏 ……………………………………………… 35
双人购物 ……………………………………………………… 36
就是0 ………………………………………………………… 37
过河了 ………………………………………………………… 37
聪明的林则徐 ………………………………………………… 38
才子刘一 ……………………………………………………… 39
猜　谜 ………………………………………………………… 39
最短时间 ……………………………………………………… 40
紫霞的财宝 …………………………………………………… 41
绑架案之谜 …………………………………………………… 42
安全逃离 ……………………………………………………… 44
细胞实验 ……………………………………………………… 45
中学老师 ……………………………………………………… 45
聪明的小刘 …………………………………………………… 46
怎样得到钻石 ………………………………………………… 47
丽萨夫人的无奈 ……………………………………………… 47

第二章　细节之重要性

劫包事件 …… 49
走私者 …… 50
炸　药 …… 51
越　狱 …… 52
是谁在撒谎 …… 53
知县判案 …… 54
成为现实的诅咒 …… 56
沾满鲜血的石头 …… 57
监守自盗 …… 59
蚊子当证人 …… 60
消失的飞弹 …… 61
有人在说谎 …… 62
纸上的洞 …… 63
筛选假币 …… 63
剩下几号 …… 64
黑子和白子 …… 64
《百马图》真伪辨 …… 65
四个亲兄弟 …… 67
养鱼的是谁 …… 67
得到情报 …… 69
阿云吸烟 …… 69
到底几点能走 …… 70
救济所 …… 70
剩下的页数 …… 71
价值连城的邮票被盗 …… 72

互换铅笔 …… 73
10 人比赛 …… 74
生还人数 …… 74
皮茨说谎 …… 75
三个儿子 …… 76
高个儿使诈 …… 77
消失的爆炸声 …… 78
短链怎样变长 …… 79
剩下的蜡烛 …… 80
让上司换工作 …… 80
狮子和鸵鸟的数目 …… 81

第三章　真理之探索

杀手之谜 …… 82
杀人凶器 …… 83
盗窃趣闻 …… 84
谁是偷窃者 …… 85
强盗的计谋 …… 86
喜鹊真的那么聪明？ …… 87
驾驶座 …… 88
消失的足迹 …… 89
重要证据 …… 90
报案的秘书 …… 91
自杀的悲剧 …… 92
探知凶手 …… 95
愚蠢的助手 …… 96
眼镜镜片哪里去了 …… 97

靠苹果破案 …………………………………………………… 98
因冰暴露…………………………………………………………… 100
碘酒变蓝…………………………………………………………… 101
细心观察…………………………………………………………… 102
狗是什么时候死的………………………………………………… 103
逃犯的血迹………………………………………………………… 105
放小岩石…………………………………………………………… 105
透明的包装………………………………………………………… 106
聪明的考生………………………………………………………… 107
唐伯虎学作画……………………………………………………… 107
睿智的宰相………………………………………………………… 108
老船工的智慧……………………………………………………… 110
抓住狡猾女贼……………………………………………………… 110
开车秘诀…………………………………………………………… 112
大水坑是这样填平的……………………………………………… 114
聪明的大臣………………………………………………………… 115
史密斯拼世界地图………………………………………………… 115
偷瓜贼……………………………………………………………… 116
测量灯泡容积……………………………………………………… 117
丁渭修复皇宫的良策……………………………………………… 118
玻璃展柜的设计者………………………………………………… 119
土　豆……………………………………………………………… 120
田产的真正主人…………………………………………………… 121
哪个多……………………………………………………………… 122
理　发……………………………………………………………… 123
巧解保险箱………………………………………………………… 124
穿　孔……………………………………………………………… 125
火柴上有硬币……………………………………………………… 126

谁是神枪手……126
艺术品价值……127
吓人的水龙头……127
硬　币……129
“新家”……129
玩　具……130
昆虫有多少……130

第四章　水落石出的真相

煮熟的玉米……132
两只鹦鹉……133
满是泡沫的啤酒……134
橄榄球趣闻……135
死者真相……137
罪犯是谁……138
梅花鹿的角……139
村长的办法……140
圣诞节怪事……141
瑞香不见了……142
暗讽秦埙……143
对　话……144
行窃者……145
北极圈……146
凶手是谁……147
犯罪嫌疑人……149
盗贼被电死……150

第一章　揭开神奇的奥秘

谁是凶手

电话铃声一连响了4次，侦探康纳德·史留斯才意识到自己不是在做梦。他睁开眼，看了看钟，时间是凌晨3点30分。

“哈罗！”他拿起话筒说道。

“你是史留斯先生吗？”一个女人问道。

“正是。”

“我叫艾丽斯·伯顿。请赶快来，有人杀害了我的丈夫。”史留斯记下了她的住址，把电话挂上。外面寒风刺骨，简直要冻死人。史留斯出门要多穿衣服，自然就比平日多花费了一点时间。他听到门外大风呼呼的声音，于是在脖子上围了两条围巾。

40分钟以后，他到了伯顿夫人的家。她正在门房里等着他。史留斯一到，她就开了门。在这暖和的房子里，史留斯摘下围巾、手套、帽子，脱下外套。

伯顿夫人穿着睡衣、拖鞋，连头发也没梳。

“我丈夫在楼上。”她说。

“出了什么事？”史留斯问。

"我和丈夫是在夜里 11 点 45 分睡的。也不知怎么的,我在 3 点 25 分就醒了。听丈夫没有一点声息,才发觉他已经死了,他是被人杀死的。"她说。

"那你后来干了什么?"史留斯问。

"我便下楼来给你打电话。那时我还看见那扇窗户大开着。"她用手指了指那扇还开着的窗户。猛烈的寒风直往里灌,史留斯走过去,关上了窗户。

"你在撒谎,让警察来吧!"史留斯说道,"在他们到达这里之前,你或许乐意把真相告诉我吧?"

史留斯为什么会这样说,他的根据是什么?

参考答案

伯顿夫人的话是有很大的破绽的:

因为史留斯一进伯顿夫人的家,觉得很暖和,以致脱下外套,摘掉帽子、手套和围巾,而那天室外很冷,寒风呼啸。如果按伯顿夫人的说法,那扇窗打开了至少已有 45 分钟,那么房间里的温度应该是很低的。这一点足以说明那扇窗刚打开不久。因此,伯顿夫人说了谎话。

离奇的记事本

出了名的二流子小 D,为了还赌债,竟然想杀害自己的婶婶从而来夺取钱财。

他的婶婶独居。小 D 先打电话给她婶婶:"婶婶你好,我晚上去你家玩玩,可以不?"

"晚上 8 点之后我在家里面,但是你可别又想骗我的钱呀。"听小 D

说要来，婶婶肯定他是来要钱或是借钱的。

到了晚上8点多，提了盒巧克力，小D去了婶婶家。

“哟，别这么客气呀，小D!”婶婶放松了警惕，一口巧克力刚吃下去，就被毒倒了。原来小D为了劫财，竟然涂了氰化钾在巧克力上。

小D找遍了婶婶家里的所有地方，正要离开现场，突然发现电话机旁的记事本上用铅笔写着一行字:晚8时，侄子小D预约来访。

小D马上把这张纸撕下烧毁，便逃离了现场。

第二天早晨，小D刚刚起床就被警察逮捕了。那本记事本就是破案的线索。请问这到底是怎么破的案?

参考答案

第一，因为记事本上面写的字用的是铅笔，在下面一页上肯定印有痕迹，很容易发现撕去的一页上的内容。

第二，如果小D没作案，是不会撕掉那张纸的。

探察烛液

这天，凌晨2时，哈利接到沃夫丽尔太太的男管家詹姆斯的告急电话，说“夫人的珠宝被劫”，请他马上赶来。

贵妇人沃夫丽尔太太闲得无聊，竟然动起了难倒名探哈利的念头。

沃夫丽尔太太介绍说:“昨晚我正躺在床上借着烛光看书，门突然被风吹开了。一股强劲的穿堂风扑面而来。于是我就拉门铃叫詹姆斯过来关门。不料，走进来一个戴面罩的持枪者问我珠宝放在哪里。当他将珠宝装进衣袋时，詹姆斯走了进来。他将詹姆斯用门铃的拉索捆起来，还用这玩意儿捆住我的手脚!”她边说边拿起一条长筒丝袜，“他离开时，我请他把门关上,可他只是笑笑,故意敞着门走了。詹姆斯花了20分钟方挣脱绳索来解救我。”

哈利走进沃夫丽尔太太的卧室,掩上门,迅速察看了现场:两扇落地窗敞开着。凌乱的大床左边有一张茶几,上面放着一本书和两支燃剩3英寸的蜡烛,门的一侧流了一大堆烛液。一条门铃拉索扔在厚厚的绿地毯上,梳妆台的一只抽屉敞开着……

“夫人,请允许我向您精心安排的这一劫案和荒唐透顶的表演致意。”哈利笑着说。

请问:沃夫丽尔太太的漏洞在哪里?

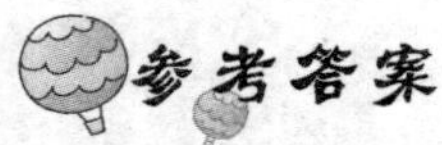

烛液全部流向门的一侧说明,如果门真的如沃夫丽尔太太所述敞开那么久,烛液就不会如此逆着风口向门一边流。

思维小故事

信件之谜

这是个真实的故事。一家著名汽车制造公司的老总收到了一封奇怪的来信。

信中写道:“我们家多年来一直有一个传统,就是每天晚饭后全家人要投票,选出用哪种冰淇淋作为当晚的甜点。然后,我就开车到附近的商店去买。最近,我从贵公司购买了一辆新型号的汽车,此后怪事就来了。

“每次,只要我去买香草冰淇淋,回来时我的汽车就会发动不起来。

而如果我买的冰淇淋是其他口味的，那就万事大吉。不管您是不是认为我很蠢，但我真的想知道，为什么会有这种怪事出现呢？”

在这时候，汽车公司的老总对这封信的内容深表怀疑，不过他还是让一位工程师过去看看究竟然是怎么回事。工程师刚好在晚饭后来到写信人的家里。于是他们两人一起钻进汽车，开车到了商店。那天晚上那个男人买了香草冰淇淋，果然当他们回到汽车上之后，汽车有好几分钟都发动不起来。

之后，又做了试验：头一天，工程师们买了巧克力冰淇淋，汽车发动得很顺利。第二个晚上，他们买了草莓冰淇淋，也没有问题。第三个晚上，

他们又买了香草冰淇淋，而汽车再次罢工了。

显然，买香草冰淇淋和汽车发动不起来之间肯定有一种逻辑上的联系。你能想出这是怎么回事吗？

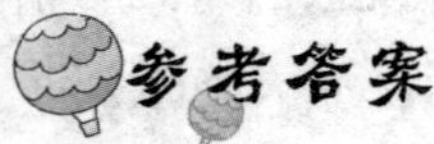

参考答案

之所以会发生这种怪事，是因为那个男人的汽车出现了汽封现象：有一部分汽油被汽化了，阻碍了油箱里燃料的正常运行。只有在冷却足够长时间后，发动机才会恢复正常。当那个男人开车去商店时，由于香草冰淇淋是商店里最受欢迎的冰淇淋，因此被摆在最外面的位置，一下子就能拿到，这时汽车就因为没有足够的冷却时间而发动不起来了。而其他的冰淇淋则在商店里面，需要花更多时间去挑选和付账，从而使得汽车刚好可以顺利发动。

巴士奇事

一对夫妇带着小孩，搭乘着开往乡下的观光巴士，准备回妻子的乡下老家游玩。当巴士开到山区路段时，因为他们的小孩直吵着肚子饿，于是拗不过孩子的夫妇只好请司机让他们中途下车，先在附近找了家快餐店解决一餐。当他们酒足饭饱后，餐厅的电视播放出一则新闻快报，报道指出就在刚才有一辆在某山区行驶的乡间游览车，被山上的落石击中而造成全车人员无一幸存的惨剧。仔细一看，那就是他们刚才搭乘的巴士！看着这则新闻，妻子喃喃地说道："要是我们当时没有下车就好了……"听她如此一说，丈夫怒道："说什么傻话，要是我们当时没下车……"语音未落，他也懂了妻子言中之意，"啊啊，是啊，要是我们当时没下车就……"

如果他们一家当时没下车，那么巴士便不会停下来耽误一些时间，也就不会刚好被落石砸中。

多买花钱少

陈老师想要组织自己班的学生去看一场球赛，球赛的门票是每张5元，如果50人以上的团体票可享受八折优惠。可现在陈老师全班却只有45人，就算加上她自己总人数也才46人，享受不了八折优惠。那么，能不能想出一个省钱的办法呢？

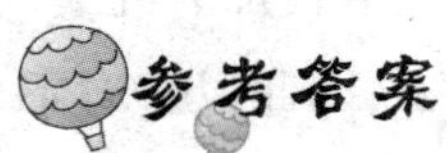

直接买50张票，多余的送给其他老师，这样还可以省30元。因为46张票需要$46\times5=230$(元)，50张票需要$50\times5\times0.8=200$(元)。

不难区分

水果批发市场的一个摊位有3筐水果，第一个筐装的全是苹果，第二个筐装的全都是橘子，而第三个筐装的是橘子与苹果混在一起的。由于装筐时工人没有看，里面装的水果和筐上的标签都没有对应。那么如何在不看的情况下只选其中一筐，仅从里面拿出一只水果，然后就辨别出哪个筐装的是什么水果呢？

首先从标着“混合”标签的筐里拿出一只水果，就可以知道另外两个筐里装的是什么水果了。如果拿出的是苹果，标着“橘子”标签装的是混合水果，标着“苹果”标签装的是橘子。如果拿出的是橘子，标着“苹果”标签装的是混合水果，标着“橘子”标签装的是苹果。

婴儿之死

在某妇产科医院，有一名妇人生下了一个宝宝。当天半夜，护士去婴儿房巡视情况，意外发现该婴儿已经全身冰冷无呼吸，死亡了。知道此事后的院方决定隐瞒此事，用一个刚出生没几天的孤儿婴儿取代那名死婴。在分娩时那名产妇并无意识，也还没见过自己的亲生孩子，因此以还看不出特征的婴孩取代是万无一失的。隔天，院方安排该产妇见到那名代替的婴儿，但她一看就发狂般地大喊：“这不是我的宝宝！”

那名产妇亲手杀死了自己的孩子。

家族之谜

“哎，还没好吗？”我面向背对着我的老婆这么问。为什么女人在准备的时候都要花这么久时间？“快好了，不必那么急嘛，你看看你，一副焦躁不安的样子。小翔,别再乱动了喔。”她说得没错,我天生就这副急性子,没办法。我从西装口袋取出香烟,点上火。“突然回去他们那里,公公和婆婆不知道会不会吓一跳呢?”“哪会,看到孙子都这么大了,他们一定笑得合不拢嘴!”我看着一旁睡熟的儿子翔,如此回答她。“久等啰,好了,啊……”“嗯,怎么了?”“老公,你这里啦!”老婆指着我的脖子。我伸手一摸,“啊!忘了!”“老公真是的,不但焦躁还冒失,过来我帮你。”“老公,我爱你!”老婆帮我整理着脖子周围。“干吗突然讲这个?”“有什么关系呢?我们当前是夫妇嘛!”老婆她往下逃避我的视线,似乎在害羞着。“嗯,我也爱你。”不知道已经有几年没讲得这么露骨了。虽然有点害羞,但感觉倒也不坏,我握着老婆的手。“那么走吧!”“嗯!”

你知道这是一组什么“场景”吗?

参考答案

一开始还在“乱动”的孩子已睡熟,是因被老婆强灌了过量安眠药。老婆提醒主角忘了和整理主角脖子周围的是上吊的绳子。这是一个一家携子自杀的主观叙事。

蕴含特性的毛玻璃

滑铁卢战役后,拿破仑被流放到圣赫勒拿岛,身边只带了一个叫桑梯尼的仆人。

一次,岛上长官部派人通知拿破仑说:“你的仆人桑梯尼因盗窃被逮捕了。”

拿破仑赶到长官部要求失主叙述事情的经过。“桑梯尼来找我的时候,我正在处理岛民交来的金币,就叫秘书带他去左边房间等一等。之

后，我把金币放在这张桌子的抽屉里，锁上之后就去厕所了，可是，我把抽屉上的钥匙遗忘在了桌子上。两三分钟后，我回来发现抽屉里的金币少了 10 枚。在这段时间里，只有他一个人在房间里，桌子上又有我忘带的抽屉钥匙，不是他偷的还有谁呢？因此，我就命令秘书把他抓了起来。”

“然而，你应该知道，左边的门是上了锁的，桑梯尼无论如何也进不来。”拿破仑说道。

“他一定是先走到走廊，再从正中的那扇门进来的。”失主说。

“你不是说你只离开两三分钟吗？桑梯尼在隔壁根本不可能看到你把金币放在抽屉里，也不会知道你把抽屉钥匙忘在桌子上，你离开的时间又那么短，他怎么可能偷走金币呢？”拿破仑反驳他道。

“他准是透过毛玻璃看到了。”失主牵强地回答。

拿破仑要求去现场亲自查个究竟然。他向房间左边的门走去，将脸贴到靠近毛玻璃左边的房间仔细地看去；只能大概地看见一些靠近门的东西，稍远一点就看不清了；他又走到左右两扇门前，摸摸门上的毛玻璃，发现两块玻璃的质量完全一样，一面光滑，一面不光滑，不同的是，左边房门上毛玻璃的不光滑面在失主房间这一边，而右边房门上毛玻璃的光滑面在失主房间这一边，右边房间是秘书室。拿破仑转过身来，指着门上的毛玻璃对失主说道：“你过来看一看，从这块毛玻璃上桑梯尼不可能看到你所做的一切！你还是问问你的秘书吧！”失主叫来秘书质问，金币果然是他偷的。

请问：拿破仑推断的根据是什么呢？

参考答案

秘书利用毛玻璃的特性，看清楚了失主的一举一动，偷走了 10 枚金币。毛玻璃不光滑的一面只要加点水或唾沫，使玻璃上面的细微的凹凸变成水平，就能清楚地看到失主在房中所做的一切。而在左边的房间毛玻璃的一面是光滑的，就不可能做到这样。

思维小故事

凶器飞来了

一天晚上，正在六楼办公室加班的经理，不知被什么尖锐的凶器，由背后刺杀身亡。

凶器被凶手拿回去了，没有留在现场；门从里面锁得好好的，只有死

者背后的窗子是开着的。

事实上,凶手是从对面的大楼,借着敞开的窗子将经理杀死的。

然而两幢大楼相距25米,就是用长矛,也不可能隔着窗子将人杀死。

那么凶手究竟然是用什么凶器,又如何杀了人之后再将凶器收回的呢?

被凶器刺中身亡是那人不小心而意外发生的事情。

非洲摄影记事

那是我在非洲拍摄风景时发生的事。我当时用望远镜看到很远的一边的大树(不是猴面包树,普通的树木而已),有10个当地人待在那上头,望着下方。我跟着看那下面,那下方有群狮子优哉地待着,它们附近还掉落有一顶帽子。

我再看看树上,那群人也都戴着跟那顶同样款式的帽子。"哈哈,真倒霉!帽子刚好掉在狮群附近,这下子捡不回来了。"我笑了笑,把望远镜转到别的方向。

你知道这是怎么回事吗?

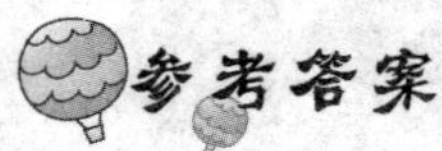

也"都"戴着同样的帽子,表示没一个人帽子掉下去,也就是说原本掉下去那顶帽子的原主,已经被狮子吃掉了。

忍耐赛

我平日每天都会上澡堂去，而在洗完澡前去三温暖房好好流个汗更是例行公事。在我刚进三温暖房才一分钟左右，有个男人也跟着进来。一较高下看看谁待比较久吧，在这男人出去之前我绝不出去，这也是我特有的习惯。10 分钟过了，对方是个看起来起码超过 100 千克的胖子。15 分钟过了，明明汗流得跟瀑布一样还不放弃，挺能撑的嘛，死胖子！

18 分钟过了，终于那个胖子移动了身体，他摇摇晃晃地站起来，像是随时会不支倒地一般蹒跚地向三温暖房外走去。赢啦！我情不自禁地在三温暖房内摆出胜利姿势！

当我恢复意识后，发现自己在一个陌生的房间内，有个老阿伯正瞅着我。那老阿伯就是澡堂的收费台服务员。他开口对我说："我去检查的时候发现你就在三温暖房外，靠着门坐倒着，已经丧失意识了！"看来我是中暑了，好像有点逞强过头了吧。阿伯继续感叹道："把你扛到这里来可真累了我这身老骨头，下次多注意点啊！"我向老伯再三道谢才回家，好好喝个啤酒就休息吧。

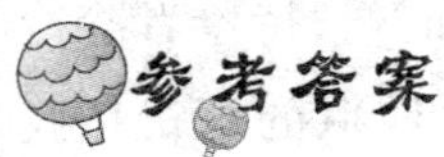

参考答案

从本文最后一个自然段起，叙事主角转变了。前段是一开始的主角，后段是那个胖子。胖子出去后便不支靠着门昏过去，使得前段主角根本出不来。

而澡堂的老阿伯也只有发现中暑的胖子，也就是说前段主角此时还在三温暖房内。

飞机机翼上的炸弹

夏天的一个晚上11点，一架由墨西哥城起飞的波音767大型客机正在飞行途中，这时，大多数乘客睡着了，只有少数乘客还醒着。而这飞机的一位空姐却注意到坐在第20排B座的身穿黑色西服的秃顶的中年男人显得非常焦虑。不停地左右张望，他又好像在犹豫什么。

空姐叫来机上的乘警一起商量，越看越觉得可疑：飞机上温度维持在舒适的25℃，可这位乘客还捂着厚厚的毛衣和外套。难道，他在隐藏什么东西？出于安全考虑，乘警走到他面前说道："先生，需要帮忙吗？"

这男人吃了一惊，就结结巴巴地回答道："不，算了，不、不要！"

他的表现更加重了乘警的怀疑。乘警不禁加重语气："可以请你到机舱后面来一下吗？我们有事情需要你配合。"

那男人一下子变了脸色，缓缓站起身，突然，从腰间掏出手枪，叫道："举起手来，转过身去，不要靠近我，滚开，都滚开！"

在乘警按照持枪者的要求转过身去的时，一名小伙子，坐在第21排B座的，趁持枪者不备，猛然勒住了他的脖子，一只手钳住手枪，乘警迅速将手枪夺了过来。

就在乘警向第21排那位见义勇为的年轻人道谢的时候，持枪者冷冷地开口说话了："别高兴得太早。这注定将是一班飞向地狱的班机！我早就在飞机机翼上绑了气压炸弹，只要飞机从万米高空下降到海拔2000米以下，炸弹就会把飞机炸成碎片。"

乘警连忙跑到舷窗边一看，机翼下方果然有两枚黑色的炸弹！怎么办？在万米高空根本无法拆除炸弹，而飞机不可能永远不降落，汽油是会耗尽的！难道只能束手待毙吗？乘警忙将这个坏消息告诉了机长。机长思索了一会儿，果断地调转了航向。

一小时过后，飞机呼啸着降落在机场，全体人员安然无恙。持枪者目瞪口呆，他实在想不通，灵敏的气压炸弹怎么会没有爆炸。聪明的读者，你知道这是怎么回事吗？

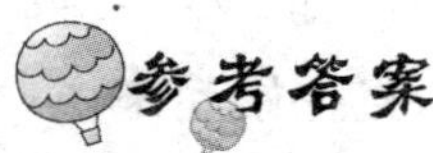

参考答案

既然气压炸弹会在海拔2000米以下爆炸，那么，选择海拔2000米以上的高原着陆就可以了。比如，墨西哥城，海拔高达2300米，飞机选择在那里降落是安全的，不需要采用另外的防护措施。

思维小故事

电话趣闻

有一天，一座房子忽然爆炸起火，警察和消防队员火速赶到现场，及时扑灭了大火。

经勘察，这场火灾是煤气爆炸引起的，在现场发现一具老人的尸体，是在卧室中被发现的。经过解剖，他的健康状况良好，但在煤气爆炸前服用过安眠药。

卧室中，有煤气管漏气的现象。但令警方调查人员百思不解的是，煤气为什么会爆炸？引起煤气爆炸的火头是从哪里来的？

爆炸之前，这地区停电了，是不可能因漏电而起火。警方怀疑被害人的外甥有作案可能。理由就是被害人有大量的宝石和股票，都存在银行里，他立下遗嘱，全归外甥继承。外甥也许是想早日继承这笔遗产，可是老人却很健康，因此才下了毒手。

在这座房子爆炸前后，老人的外甥都不在现场，而在离现场 10 千米远的一家饭店里。服务员还证明，他在饭店里还打过电话，也就是说，老人的外甥不可能是作案者。那么，谁是作案者呢？

警方于是不得不将几位专家请来协助破案，其中还有电话发明者贝尔。负责破案的警察局长向各位专家介绍完案情，贝尔先生站起来说："可以判断是他的外甥利用电话作的案！"这是怎么回事？

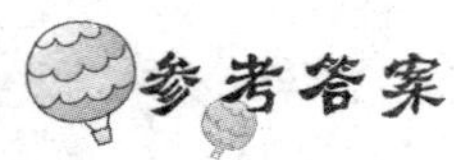

嫌犯可以先在老人的电话机上安放一个能使电话线短路的装置。然后他让老人吃下安眠药，老人入睡以后，就打开煤气灶的开关，煤气全部跑出来，他则去了那家饭店。

他估计老人房间里已充满煤气时，在饭店里就打电话到老人家。这时，电话机中有电流通过，遇到电话线短路，溅出火花，引起煤气爆炸。

变软的黄金

有一条繁华的大街上，并排开着多家金店，于是人称“金街”。一天晚上，负责守卫安特金店的保安习惯地走进了地下金库，开始准备查验金库的黄金情况。他迈进一间装有黄金的库房时，就发现有 100 千克的纯度很高的金块被盗了，于是他马上打电话报警。

刑警立即出动，很快就在码头将盗贼和他们的车截住了。

刑警仔细搜查了汽车的里里外外，轮胎和座椅也都检查过了。可是搜来搜去，连一克金块也没找到。一无所获的刑警们颇感失望。

“现在是法制社会，我请你们快点。别耽误了我的事！小心你们丢了饭碗。哈哈哈……”盗贼见刑警们搜查不出赃物，便大声嘲笑着。

这时，亨特侦探赶到了。他看了一眼汽车，说道：“你们是怎么搜查的，黄金不就在你们的眼皮底下吗。”

亨特是如何查到黄金的？

参考答案

纯黄金很软又具有延展性，因此能随意加工成各种形状，可以加工成0.0001毫米薄的金箔。

们利用这种特征还可以将金块加工成壁纸一样厚度，把它装饰到墙壁上，以便隐藏。

盗贼利用了这点，用黄金制作车身，涂上涂料，因此刑警们就不会注意到了。

体温计的神奇

内科医生戈拉开了一家诊所。他医术很高，并且对病人非常热情。有一个病人得了很难治的怪毛病，别的医院都说治不好了。戈拉医生接了过来，经过仔细诊断，对症下药，结果病人奇迹般地好了。那病人是个作家。他写了表扬文章，在报纸上发表；戈拉医生出了名，诊所的生意更加红火了。

坦布斯也开了一家诊所，就在戈拉医生诊所的附近。可是，坦布斯医生只关心赚病人的钱，谁给钱多就给谁好好治，碰到没有多少钱的穷人，就马马虎虎敷衍了事。再加上他的医术也很差，没过多久人们都不来他的诊所了。但是坦布斯却认为是戈拉医生抢走了他的生意，就怀恨在心。

一天晚上，戈拉医生接到电话，说有小孩发高热，于是带着体温计、退热药，连忙赶了过去。经过急救小孩退热了，他才往回赶。这时已经是半夜了。戈拉来到家门口，正要开门，突然头上被重重地打了一下。戈拉顿时倒在地上，当场死亡。凶手就是坦布斯医生。

坦布斯医生知道，警察看到尸体以后，可以根据尸体腐烂的程度，判断死亡的时间。他动了一下脑筋，把尸体拖到浴缸里，用滚烫的热水泡了两个小时，这样，可以把死亡时间推前10个小时，那时他正在诊所上班，没有作案的时间。他又趁着凌晨，悄悄把尸体拖到马路上，造成被汽车撞死的假象，这才回到家。

警察很快就发现尸体，经过仔细检查，死者的口袋里，有一件东西，证明死者死亡的时间是伪造的。

请问你知道这件东西是什么吗？

参考答案

戈拉出诊的时候，口袋里带着体温计。体温计经热水浸泡，里面的水银柱升到40℃，于是就不会再降下来，可马路上的气温很低，此时说明尸体有可疑的地方。

三枚硬币引发的血案

大约在晚上11点半，杰尔警官接到电话报警，电话中称有一学生莫名其妙地死在了11号宿舍楼门口。

杰尔立刻动身奔赴案发现场，只见死者是双臂展开双腿并拢地倒在宿舍楼正门外，而且看他那姿势是脸冲着地，头朝着门外，脚朝着大道，趴在地上，后背离脖子15厘米左右的位置上垂直地插着一支箭。据杰尔当时的推断，这学生明显是在要开门的时候被人从后面一箭射死。

杰尔轻轻地翻动尸体，发现有5枚10美分的硬币在死者胸口部位的下面。杰尔随即在硬币旁边发现一个钱夹，并证实是死者的，因为里边夹着死者的相片和身份证，还发现钱夹里5美分和10美分的硬币都整整齐齐地放着，并没有掉出来。

杰尔缓缓地站起身，问站在一旁的楼管大爷："老伯，现在有多少学生在这栋楼里居住？"

"现在正是放暑假时间，只有库瑞和阿德两个人还在宿舍楼里住。这两人都是射箭选手，听说10天后要去参加全国射箭大赛！"那大爷讲到这稍微停顿了十几秒钟，抬头看了看11号楼，指着与正门正对着的305房间说，"那就是阿德现在住的地方。"

"11点半左右，阿德有没有从房间里下来过啊？"

"没有，一次都没有。"大爷摇头说道。

杰尔让大爷带着他去了阿德的房间。阿德非常惊讶地说："杰尔警官，你来我这儿是什么意思啊？难不成你们怀疑是我杀害了库瑞吗？请不要开玩笑！就算我想杀死他也是不可能的，因为他是背部中箭死的，但从我窗户里只能看到他的头部不可能用箭射到他背部而射死他的，还有我今天晚上一直在房间里待着还没有出去过呢，这点我想大爷可以为我证明，所以我也没可能去房间之外杀死他啊！"

杰尔慢慢地走到了窗口，把头伸出窗外看了一眼，便把身子转了过来，拿出那曾在库瑞身体下压着的5枚10美分硬币，对阿德说："你能告诉我为什么这上边会有你的指纹吗？"阿德一看顿时慌张了，连话都说不流利了，磕磕巴巴地说："这可能是我在口袋里拿钥匙的时候，不小心掉出来的。"

杰尔面带冷笑，对着阿德说："不要再装了，事情的真相我已经知道。硬币根本就不是你无意掉下来的，而是你故意扔下去的，这根本就是你早就设计好下的一个局。"说完，杰尔便以故意杀人罪逮捕了阿德。

杰尔是如何判定阿德就是凶手呢？

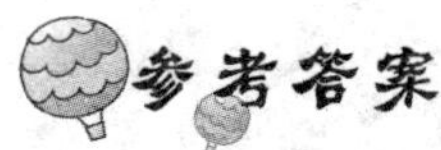

阿德确实一直在房间里没有出去过，但他却一直注视着窗外，当他看到库瑞快走到宿舍楼门的时候，他赶紧把已经准备好的硬币扔了下去。库瑞当时很诧异不知道什么掉了下来，但当他看清掉下来的是几枚硬币的时候他什么也没想，便弯下腰去捡，这时阿德进行了他的谋杀行动：用箭射向库瑞，因此，便出现了箭垂直射入死者背部，并且死者身下压着5枚硬币的一幕了。

思维小故事

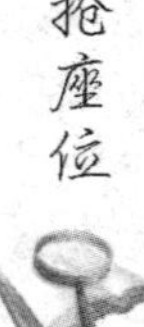

纵火犯是谁

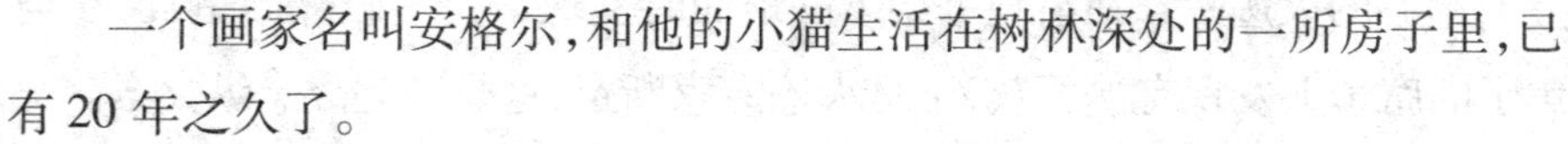

一个画家名叫安格尔，和他的小猫生活在树林深处的一所房子里，已有20年之久了。

一次，他想到外地旅行，便将这所房屋投了高额保险金，并将猫留在了家里。结果他刚外出15天，就接到电话说他家发生了火灾。幸亏一场大雨，树林的树木潮湿，火势未能蔓延开来，否则损失的可不仅仅是他的房子和那只可爱的猫了。

从着火现场看，小猫被关在密封的房间里，因没有猫洞无法逃脱而被活活烧死。现场勘查结果表明，起火点是一楼6张席子大小的和式房间。可是，房间里没有任何火源，也没有漏电的痕迹。煤气开关紧闭，又无定时引火装置。

细心的火迹专家在清理书架下的地面时发现了一个破碎的鱼缸，在烧焦了的席子上发现有熟石灰，于是火迹专家断定，这是一起故意纵火案。

那么，是谁纵的火呢？

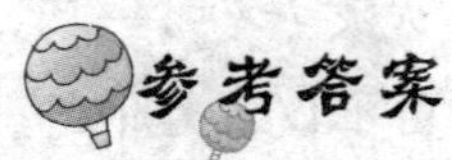

参考答案

纵火的是画家。他把猫关在密闭的房子里，只给了猫很少的食物。饿得没办法的猫就去抓书架上的金鱼缸，鱼缸落了下来，洒出来的水正好浇在生石灰上，生石灰遇水发生化学反应，产生强热变成熟石灰，然后熟石灰的热能燃着了书架上的书籍和席子。

伪造自杀

一个明媚的早上，在太阳刚刚升起的时候，凯林警长就打来电话："菲尔，在珠峰花园发生了一起命案。你赶紧过来帮我们看看到底是怎么回事吧？"

"珠峰花园是那种小户型的电梯公寓，一共有 8 层，每层只有两套房间，这是为了那些单身白领专门设计的。"凯林警长一边陪同菲尔上电梯，一边向他介绍案情的经过，"死者叫鲍伯，他就住在 8 楼 B 座的 802 室，在一家 IT 公司当网络管理员。平时上班忙，所以他就雇用了一个保姆在他上班的时候过来打扫卫生。今天早上保姆照常 10 点半过来打扫卫生的时候，发现鲍伯躺在床上还没去上班。按照平时他应该去上班了，保姆以为他生病了，赶紧走到床边想叫他起来，才发现他已经死了。吓得保姆赶紧打电话报警。"正说着话，电梯已经来到了第 8 层。菲尔走近死者房间，屋子里非常整齐，东西都没有动过的痕迹，也没有打斗过的痕迹，桌子上还放着没吃完的柠檬，死者安详地躺在床上。

凯林警长有点疑惑地说："根据现场来看，不像是被谋杀的。但是，经过现场的初步尸检来看，发现死者有血液中毒的迹象，但具体是什么毒要经过仔细检查才知道，而且根据调查初步了解死者平时性格乐观，积极向上，应该没有自杀的倾向。"菲尔看到桌子上放着一台电脑，应该是死者平时用的，他熟练地打开电脑，希望能从电脑上找到些命案的线索，但令人失望的没有找到任何关于鲍伯死亡的信息。

菲尔走向一边的凯林警长问："没有其他线索了吗？"凯林警长说："我们派人询问了附近的居民和物业管理人员，他们都说死者平时工作很忙，一般都是早上 10 点半出门，晚上 12 点半才回家。平时如果不上班，也很少出门。"住在他家对面的 801 的老人也证实这些情况，老人每天晚饭后都是不出门的，电梯晚上12点就关闭了，12点半鲍伯回来只能走楼梯，因为老人总是会被鲍伯的脚步声吵醒，听到鲍伯开门关门的声音。不过，老人回忆说，昨日的情况有点特殊，在晚上12点半左右，确实也听见有人走上楼梯的声音，还重重地跺了两下脚，声音很大，过了不大一会儿，就听见"哎呀"一声，也不知道怎么回事，然后就听见开门和关门的声音。老人还说，这脚步声和哎呀的声音听起来都像是死者发出的。

凯林警长和菲尔的现场调查就告一段落了，把死者的尸体送去检验。下午的尸检报告证实了死者就是中毒而死的，在死者右手的食指上有一道被锋利的东西割破的伤口，伤口不大，但毒素就是从这里进入血液的，现场餐桌上用过的刀子和柠檬上有些血迹，而且在血迹中发现了跟鲍伯血液中相同的毒素。

一切证据表明，死者很有可能就是在切水果的时候不小心把手指割破了，当时并没有察觉，鲍伯像往常一样睡觉，以致保姆早上过来看到的就是他安静地躺在床上，跟睡着了一样。案子调查到现在觉得一切水落石出了，所以当天晚上警方就准备结案了；凯林警长都已经写好了调查报告。就在这个时候，凯林的电话响了，是菲尔："警长先生，我回去后把今天调查的一切又想了一遍，觉得有几个疑点，想再去现场看一下。现场你们应该还在保护着吧？请你们现在马上去现场调查一下，以确定我的猜测是不是正确。"后来经过凯林警长和菲尔先生仔细的调查，推敲菲尔提出来的疑点，最终警方发现死者果然是被谋杀的。

凶手到底为菲尔他们留下了什么疑点呢？

参考答案

第一，从现场切水果的情况看来，死者是左撇子。左手操作电脑鼠标的方式与右手相反，除了鼠标放的位置在左边外，其按钮设置也与正常鼠标不同。但是，菲尔能够习惯地操作死者的电脑鼠标，证明死者不是左撇子，现场一定是伪造的。

第二，对门老人听见的声音很奇怪。为什么会发出这样的声音呢？可以想象一下：晚上电梯关闭，死者走楼梯时，会跺脚来激发楼道灯的声控开关，但是没有成功，于是又重重地跺了两下脚，发现声控开关坏了，只好用手指触摸开关来开灯，这时候发出“哎呀”一声，很可能是手指被划伤。

第三，凶手肯定对死者的生活习惯和小区环境非常熟悉。死者住顶楼，除了老人之外是不会有人留意灯的开关的，而老人晚上都不出门，基本上也不会用到楼道灯。利用这一点，凶手破坏声控开关，并将带毒的刀片卡在开关上，就能造成死者中毒，并且不会误伤其他人，最后再将刀片取下来，清理血迹，并伪造现场。

旅馆血案

在一个阳光明媚的上午，一对甜蜜的情侣携手走进了一个叫“全为大家”的小旅馆。

大约两个多小时后，那个女孩独自走出了旅馆，服务员那时候也没多想，以为那个男的在房间睡觉呢。但是半天都过去了，那个女孩没回来，那个男孩也没出来，这时候服务员觉得有点不对劲了，于是就去找保安张哥，把事情说给了张哥，张哥也觉得这事确实不太正常，于是他们俩一块去了那个男孩的房间，发现门只是虚掩着，于是就轻轻敲了几下门，但没人应，于是他俩就直接进去了，发现那个男孩一丝不挂地躺在地上，嘴角还有血丝，两个人当时非常惊恐，但也没多耽搁，马上打电话报了警。警察的速度也很快，大概三五分钟就赶到了旅馆。对现场进行了封锁，开始处理命案。

尸体的胸口上有明显的刀伤，而且死因也确定了，死者是胸腔大出血而死，尸体周围血淋淋的，按这样看，凶手的身上也应该会有血迹才合理。

“那个女孩是身穿一身洁白的衣服，手里提着一个很小的类似化妆包的东西，而且看她身上也没有一点血迹啊！”服务员认真地回答着警察的提问。

“那照你这样说，她那包能不能装下衣服啊？”

“我看那个包也就能装下几件小的化妆品，不可能装下衣服的。”

经警官仔细的调查询问，案发那个旅馆的客人都有不在场的证明，现场更是诡异的没有任何血衣留下来，甚至在垃圾通道、下水道等地方也一一仔细地搜过，还是没发现任何带有血迹的衣服。

凶手身上的血迹是如何诡异地消失的呢？

这对情侣在进入浴室前女人杀死了男人，之后女人进入浴室洗净身上的血迹再穿好衣服出门，所以衣服上没有血迹。

牵牛花开放的时候

在一幢位于郊区的豪华别墅里发生了一桩谋杀案，著名的娱乐影星安妮小姐被杀，死亡时间大约是在凌晨的三四点钟。大侦探詹姆斯迅速赶到了案发现场，看到了吊在天花板上的安妮小姐。经法医的观察鉴定，安妮小姐是被杀死后才吊到天花板上的，把现场伪造成了她自杀的场景。在现场只发现了安妮小姐和她丈夫卡曼的指纹，那根绳子上也只有他俩的指纹。

根据案发现场的调查分析，警方确定了 3 个疑凶。其中包括安妮现在的同事兼以前的大学同学黎姿，她俩从大学到现在一直有矛盾，互相看不顺眼。成了同事后安妮成了大红大紫的女明星，而黎姿却一点也不出名。这也使得两人的关系更加不好了，并且黎姿也因此一直记恨着安妮。但命案发生的时候，黎姿正参加一个朋友的生日 party，所以她有不在场的证明。

第二位便是安妮的 Boss 保罗。他对安妮跳槽的事一直怀恨在心，虽然像这种事不大可能致使他去杀掉安妮，但也不无这种可能。但也有人为他证明他那时候确实是不在场，他当时正和公司里的几个员工在郊区拍摄广告。

最后一个人就是和安妮结婚 3 年的丈夫卡曼。他和安妮结婚不到两年就开始有矛盾了，最近更是在闹离婚呢。不过他也有不在场证明，就是卡曼那天正在他的个人别墅院子里拍摄牵牛花开放过程。他拍照的别墅离安妮住的那幢别墅比较远，而牵牛花开放的时候，正是安妮被杀的时候，所以他不可能在那时候去杀掉安妮。

侦探詹姆斯让他的助手分别给这 3 个疑犯打电话，并且告诉他们安妮被人杀死的消息，而且还把他们叫过来问话。詹姆斯就在一边拿着一杯咖啡，站着听着助手给他们打电话。助手首先打电话给黎姿，黎姿先是很吃惊，随后又不冷不热地说："她死了你们干吗告诉我？难道你们侦探还有这种服务，把她死这种事告诉她生平最讨厌的人？"当助手说出要请她来接受谈话时，黎姿很愤怒地说："你说什么？难道你们怀疑我杀了她？你们知道这会对我的名誉带来多大的影响！我要你们赔偿我的名誉损失！"说完她立即就把电话给挂了。

第二个电话打给保罗。当他听到安妮已死的消息后，只是淡淡地对身边的人说了一句："把安妮的名字画掉，她不会再在我这领工资了！"接着助手跟他说让他来接受问话时，他非常愤怒地说："你们是不是有病啊！公司里还有一大堆的事需要我处理呢。我哪有时间去接受你们的问话啊！如果换成是你们，你们也不会把重要的事情放下，而去接受什么无聊的问话吧!”助手只好再三劝说,不过还是没用。这时候助手听到旁边的詹姆斯说,把电话挂了吧,于是助手把电话挂了。

最后是给卡曼打。当助手把安妮的死讯告诉他后,他先是一惊,然后非常悲伤地说:“安妮!你放心,一旦我知道是哪个混蛋勒死的你,我一定会让他为你偿命的!”然后助手说让他来一趟这边,有点事情要问他,他说:“是要向我问话吗?好吧,我这就过来。”说完就把电话挂了。

詹姆斯听完之后,说:“我知道谁是凶手了。”

凶手是谁呢?

参考答案

凶手是卡曼。因为并没有人告诉他安妮是被勒死的,他就将死因说了出来。至于牵牛花,他用类似于塑料袋之类的东西套在花蕾上,可以延迟开花时间。这样,卡曼就可以先杀了人再回到别墅中摘下塑料袋,等待花朵绽放。

杀死大卫的凶手

年仅55岁信仰天主教的大卫先生,于2008年3月5日上午莫名其妙地死于家中。大卫先生是C公司董事兼B慈善基金理事,已婚丧偶。死者面色红润,表情十分痛苦,在沙发上斜躺着,窗户呈紧闭状,窗帘没有被拉开,而且闭得很严实,房屋里无打斗迹象,但房门有被人用力撞开的痕迹。

女佣述说:“中午我敲门叫大卫先生用餐时,敲了一会儿他都没反应。我当时怕他出什么事,就赶紧把保安叫了进来,让他把门给撞开了,一进来就发现大卫先生躺倒在沙发上,而且叫了几声都没反应,于是我打电话把医生叫来了。医生来了之后，发现大卫先生已经不行了。之后我就报了警。”

警方又问：“最近大卫先生跟平常一样吗？有没有做什么比较奇怪的事啊？还有就是他有没有跟什么陌生人接触过吗？”

女佣说：“这段时间公司的状况不太好，生意很是不景气，营业额呈下滑状态，大卫先生最近的行为也比较反常，基本每天都是早出晚归，公司的事也不像以前那样亲自打理了，而是统统交给助理来做。今天大卫先生接见了一个陌生的客人。”

通过女佣叙述那个人的特征，我们可以确定大卫先生今天接见的客人，就是他所资助的B慈善基金的理事长。那个人来了之后与大卫先生直接去了大卫的卧室。他俩谈了不到半小时，就一起出来了；大卫先生亲自把客人送到了门口。然后他让女佣给他泡了一杯雀巢咖啡，大卫先生还没喝完呢，大卫的儿子就回来了，刚进门第一句话就是向大卫先生要钱。由于小时候大卫先生太溺爱他儿子了，导致他儿子现在不务正业，平时游手好闲，没钱时才想到他的父亲。

大卫先生看见他儿子这样，心情很是不好，然后跟他儿子大吵了一顿。在吵完了之后，大卫先生给了他儿子一张银行卡。他儿子拿了卡头也不回就走了。女佣看到大卫先生心情很不好，就想安慰他一下，但大卫先生对女佣说我想自己一个人静一静，你午餐的时候再叫我吧。谁都想不到之后会发生这样的事情。

跟警察一同赶来的科尔探长还在大卫先生的电脑里发现了一封由神秘人士发来的邮件，里面写着：“大卫先生，不知道你知不知道上帝用了七天创造了世界，你的死期你也不知道吧，现在我就告诉你，×天之后就是你的死期。署名：魔鬼。”连续发了7封信。

科尔探长在一份颇有名气的报纸中了解到，大卫先生曾写了一份遗嘱，遗嘱的内容是，将自己的房子留给儿子，其他的所有资产都捐给基金。此遗嘱在其死后自动生效。

他的儿子知道这件事后，立刻发表了声明，说自己手里有一份父亲在世时曾写的遗嘱，遗嘱上写着要将其一半资产留给自己，捐赠给基金这种事是不可能发生的。所以他怀疑自己父亲的死可能与基金有关。这时候科尔探长也糊涂了，一时想不明白凶手到底是谁了。

正在这时，法医打过来电话说，检验的结果出来了，大卫先生是因为氰化物中毒而死，并且在大卫的书房内发现了氰化物残留，科尔也因此知道了谁是真正的凶手。

杀死大卫先生的凶手到底是谁呢？

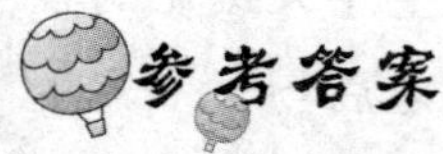

其实杀死大卫先生的人就是他自己，他是用氰化物下在咖啡里自杀的。那7封电子邮件也是他给自己写的，他这样做的目的就是不想让别人知道自己是自杀(天主教信徒不允许自杀)。

思维小故事

如何登陆

一个星期里，约尔逊和他的两个朋友在海盗牢房里受尽了折磨，受尽了痛楚。在醉酒之后，海盗们为了寻找欢乐，竟然把他们3个人关在一只小船上，并用铁锁锁起来，接着让小船漂向了海洋。

在海上漂流了好几天之后，小船最终停泊到了一个海湾里。然而由于他们的手被铁链锁在船上，动作不方便，几次想靠岸都被礁石给碰了回来。虽然这里水不深，但是由于附近有急流，船很容易被冲进大海里去。

他们想了所有的办法，最终安全着陆。请思考，约尔逊和他的两个朋友是如何登陆的呢？要知道的是，船在水中，是不能在陆地上的。

参考答案

想出办法将船翻倾，人便到船的下方去了。

因为船翻过来了，所以下面会有空气存在，在短的时间里面，人们可借助其呼吸，最后协力将船扛到岛上去。

缺少不一定就是不好

我国有一个著名的国画家。这位画家最擅长的就是画牡丹图。有一天，一位富人来拜访这位画家，想看看他画的牡丹图。当他看完画家的画后，很是震惊，感慨画家画的实在是太逼真了，于是便花重金买了一幅牡丹图。富人回家之后，马上将客厅里原来挂的那副牡丹图取了下来，把从画家那儿买回来的画挂了上去。但后来他的一位朋友来拜访他时，看到了这幅牡丹图，就劝他将这幅画取下来，因为这画挂在这里太不吉利了。他对朋友这样说感到很是纳闷，就问他为什么这么说？他朋友解释说：因为这朵牡丹根本就没有画完全，而是缺了一部分，并且牡丹代表富贵这是众所周知的，缺了一角，那不就是代表“富贵不全”吗？那位富人听后只是笑了笑，他想的和他的这个朋友的说法刚刚想反。你知道他是怎么解释给朋友听的吗？

参考答案

富人对他朋友说：“牡丹代表富贵这个我清楚，它缺了边，不就正是代表‘富贵无边’吗！我感觉这还是很吉利的。”

不用借氧气了

在 2011 年 1 月的一天早上，温度很低还刮着寒风，一个焊工在认真地做着他手头的工作。正当他快要把这些活干完的时候，不巧的是氧气用完了。焊工的心情一下子就变得很不好了，因为当他想到这么冷的天气，难道他还要跑到其他车间去借氧气吗？就在这时，焊工灵感一闪想到了一个比较好的办法。他找到了一个可以非常快地弄到氧气完成手头工作的办法。你能想到他的办法是什么吗？

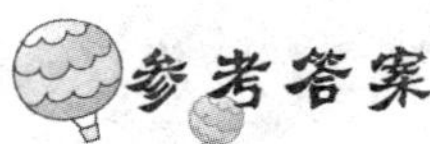

他的方法很简单，就是利用了我们高中物理所学的压强差的方法。他给氧气瓶加热，使里面的压强变大，这样氧气就能继续被送出了。当然，这也只能解一下燃眉之急，靠这样的方法只可以得到剩下的那么一点点的氧气。

孙子没事

我们大家都知道汶川大地震，那次地震伤亡非常惨重。等到在震后重建的时候，为了方便大家及时了解现在的一些情况，每个地方都会放一台收音机，收音机里不断传出受灾情况以及寻人启事。一位幸存下来的老大爷每天都很认真地收听收音机报道的消息。很多人都知道这位老大爷有一个孙子和他生活在一块，可以说这爷俩是相依为命的，有一天有人就问他："收音机里播放过你孙子的消息吗？"他回答说："从来没有。"那个人说："那你不着急吗？"大爷告诉他说："我知道我孙子是平安的。"

请问，老大爷凭什么说自己的孙子肯定平安无事的？

老大爷的孙子就是那个播音员。

思维小故事

他杀还是自杀

警察 M 是个大个子,身高 186 厘米。

在没有桌椅、只有一个大柜子的房里,有个男子死亡了,死者的身高是 155 厘米左右。

据法医验尸,死者喝的是烈性毒药,药瓶就放在柜子上。警察 M 踮

起脚尖，伸手把瓶子拿了下来。

瓶子里装的果然是那种烈性毒药，瓶盖是打开的，里面只剩下不多的药水。

“这绝不是自杀，而是他杀。”警察 M 非常自信地说。

他究竟然是怎样推断的呢？

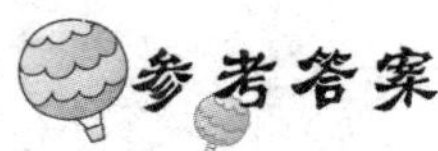

参考答案

身高 186 厘米的警察 M，还得踮着脚尖才能伸手拿到毒药，身高 155 厘米的死者是拿不到的。而且这种毒药只要服一点儿就会马上死，他服毒后不可能再把毒药放回去，况且室里面没有任何可垫高的东西。因此死者肯定不是自杀。

刘伯温用画进谏

明太祖朱元璋登基不久，为了犒赏那些劳苦功高的文臣武将们，他现在准备给他们每个人都封个官，同时由于朱元璋十分看重亲情，所以他也想给自己的亲戚朋友们也封个官职。但是，他想了想却有点为难：功臣有数，但亲戚却多如牛毛，要是每个人都封他个官职，不就显得自己太假公济私了吗？可要是不封亲戚朋友为官，人家肯定会在背后说三道四，讲朱元璋当了皇帝便六亲不认；再说了，如果真这样，那自己的面子上也过意不去。为此，身为皇帝的朱元璋举棋不定，一天到晚都为此事闷闷不乐。

细心的军师刘伯温看到太祖的状态，明白太祖此时的矛盾心情，但是，又不便直言进谏，于是他找人画了一个身材魁伟的大丈夫，头上梳着一束束乱得如麻的头发，每束头发上都顶着一顶小帽子。刘伯温拿着此画敬献给朱元璋。朱元璋细细观赏，百思不解画中含意。想了一夜，终于恍然大悟。次日一早，明太祖召见刘伯温，笑道："卿家此画进谏得好，朕即采纳。"从此，朱元璋只封有功之臣，不再想着为亲戚朋友封官了。

你知道刘伯温那幅画的含意所在吗？

刘伯温那幅画寓意是：冠（官）多发（法）乱。

双人购物

张丽丽和李可一同去超市购物。当她们坐车到了超市以后，便分头行动，各自去买自己所需的东西。到了约定好的时间，她们在结账处碰头。两个人都各有收获。张丽丽问："你今天都买什么东西啦？"李可回答说："我买的这东西，名字是由两个字组成的。用两句话形容它的特点就是，从左往右读，喝它心里甜；从右往左瞧，会飞不是鸟。"张丽丽听了很有趣，也说："我买的东西，名字的字数跟你买的东西一样。但是特点有所不同，我也用两句话形容一下，从左往右念，喝它营养最丰富；从右往左看，走路特别慢。"

你知道这两个人各买的是什么东西？

蜂蜜、牛奶。

就是0

王召是一位以打猎为生的猎人。有一天,他又像以前一样一大早就出去打猎,直到天黑的看不清东西了才回来。他刚进家门,他的妻子问他:“今天怎么样啊?打了几只猎物啊?”王召笑了笑,对着他的妻子说道:“今天打了9只没有尾巴的,8只半个身子的,还有6只没头的。”他的妻子瞬间茫然了,不知道自己的丈夫到底在说些什么,当然也就不知道他今天的成果怎么样啦。

你知道王召究竟打了几只猎物吗?

答案很简单,就是王召一只也没有打到。9只没有尾巴的指的就是把9去尾巴结果就是0;同理6只没头的也是是0;8只半个身子的还是0,所以是一只也没打到。

过河了

有两个都热爱探险的人,是非常好的朋友。他们相约去北极探险,于是2011年2月13日他们来到了北极。15日,他们来到了一条非常宽的冰河前。由于水太凉,而且又非常的宽,如果游过去的话很可能会被冻死在河里,但现在除了游过去他们又没有找到一条可以绕过这条河的路。于是他们两个就想,要不就造条简单点的船,渡过去,于是两人就去找一些树木来造这条船。但是在被冰雪覆盖的北极,连树都找不到,更别说一些造船用的树干了，所以造船过河这办法他俩也只能放弃了。但他俩不想因为这个而放弃他们早就预想好的北极探险之旅，于是他们只好先在岸边停下，然后来想办法商量对策过河。经过两个人的积极思考，他们终于想到了一个渡河的好办法，而且用这方法过河的话他们的衣服也不会湿。你能猜到他们到底是用了什么样的办法做到连衣服都不会湿的过河办法吗？

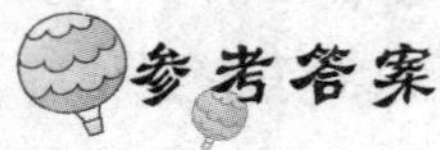

北极最不缺的东西就是大块大块的冰了，他们用冰造船，由于冰比水轻，所以两人坐着“冰船”顺利地过了河。

聪明的林则徐

林则徐小时候经常跟着父亲出去游玩。一天他又跟着父亲来到闽江边观景，父亲随口就吟一句上联：鸿是江边鸟。林则徐一时对不上来，就继续往前走。二人经过一农户小舍，见一农妇正在喂蚕，顿生灵感，随即对出了下联。你能猜到他对的是什么吗？

蚕为天下虫。

才子刘一

古时候有个丞相,他的女儿年龄不小了,到了该谈婚论嫁的时候了,前来提亲的人非常多,都快把丞相府的门槛给踏破了。丞相有自己的想法,他认为这些有钱人家的公子全都是花花公子型的,女儿绝对不能嫁给这种花花公子。

一个偶然的机会,丞相得知有一个叫刘一的人。人们都说这人比较有才华。于是,他立刻叫人把刘一请了过来,想进一步考考他。

丞相说:“我请教你一个字,一字九横六竖,问遍了天下的人都不知道,还有人跑去问孔子,孔子想了3天才猜出了这个字。”丞相刚把话说完,刘一就马上就说出了这个字。丞相非常满意,于是就把刘一留下来重用,而且还把女儿嫁给了他。你知道刘一说的是什么字吗?

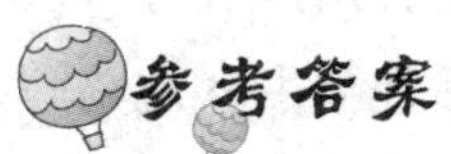

谜底是“晶”字。

猜　谜

这是一个谜语,谜底是一个事物,请根据下面4个提示猜出来。提示一:春节。提示二:成双成对。提示三:门。提示四:徐渭。请用2个字来描述。

谜底是对联。第一个提示的意思:春节贴对联是一项习俗。第二个提示的意思对联是对偶的语句,通常成双成对。第三个提示的意思对联贴在门上。第四个提示的意思明代的徐渭(字文长)是善于写对联的奇才。

最短时间

阿威一共有4匹马。让它们从C地跑到B地,它们分别需要用1小时、2小时、4小时和6小时。阿威喂养马的地方就在C地。阿威有个非常好的朋友住在B地,想看一下他的马,但是,又不方便过来,所以阿威现在需要将这4匹马都从C地带到B地,但由于阿威能力有限,每一次他最多可以带2匹马,这样就得剩下2匹留在原地;然后他再由B地骑一匹回到C地,剩下一匹马留在B地。如此来回,阿威想把这4匹马全部从C移到B地的话,至少要花多长时间阿威的朋友才能看到这4匹马呢?

参考答案

至少需要14个小时。原因就是阿威只要来回两趟半即可完成迁移的工作;这就需要阿威在回程的时候选择最快的马。

紫霞的财宝

有两个人吃过晚饭后，闲的没事就去森林里溜达。当他们正聊着天的时候，遇到了一个自称紫霞的仙女，紫霞仙子随手一挥，手上就出现了一朵玫瑰花，然后对两个人说："这朵玫瑰总共有13片花瓣，现在你们轮流去摘花瓣，但摘花瓣有一个限制，就是一个人只有两种选择，一种就是摘取一片花瓣，第二种就是可以摘取相邻的两片花瓣，摘取最后一片花瓣的人，他将得到我所赐的财宝。"仙女的话刚说完，一个人赶忙把话抢了过来，觉得第一个摘的胜算大，非常急迫地想得到紫霞仙子说的那批财宝。而另一个人却很聪明，在旁边思考，他思考了一下后，知道只要按照一种方式，就可以得到紫霞仙子的财宝。

那么你知道是先摘花瓣的人会赢，还是后摘花瓣的人会赢呢？那个人用什么方法保证自己获胜呢？

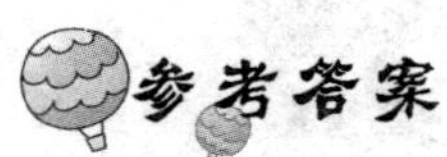

参考答案

结果是后摘的人会取得那批财宝。因为他那时候想到的方法就是，如果先摘取一片花瓣，那么他将在花瓣的另一边摘去两片花瓣；如果先摘取者摘了两片花瓣，那么他将在花瓣的另一边摘去一片花瓣。这样之后，就会剩下10片花瓣，而且，他会在第一次摘时保证在他摘取花瓣后，能够将剩下的10片花瓣分成两个组，并且还要确保这两组被上轮摘取的3个花瓣的空缺隔开。在以后的摘取中，如果先摘者摘取1片，那么他也只摘1片；如果先摘者摘了2片，他也摘2片。并且摘取的花瓣是另一组对应的位置，这样下去，他一定可以摘到最后的花瓣，得到那批财宝。

思维小故事

绑架案之谜

海滨小城萨斯内，最近一段时间发生了一起性质极为恶劣的绑架案。被绑架的是萨斯内城著名演员多恩的小女儿琳达，她上小学5年级，

今年刚满 13 岁。在星期一的早上，一如往常，琳达被她妈妈开车送到学校，然后简单叮嘱几句就离开了，但晚上再去学校接琳达的时候，学校的老师却告诉他，孩子琳达已经被人接走了。

当天晚上，当多恩一家人找小琳达快要找疯了时，有一名自称是绑匪的人打来了电话，说琳达在他们手上。为让多恩一家人相信他们的话，而且确定小琳达还活着，他们还让小琳达和父亲通了话。绑匪还提出要多恩一家支付 30 万英镑，并且不许多恩报警。一时慌了神儿的多恩，为了保证女儿的安全，他竟真的没有向警察求助，而按照绑匪的要求，自己去了指定的地点交钱了。

原本指望绑匪收到钱后就会放了小琳达，但是绑匪见多恩真的没有报警，并且很快就把钱给送来了，不禁起了更大的贪心，他不但没把小琳达放回来，反而竟然要求多恩一家人再拿 30 万英镑来才肯放人。

这样，多恩不得不向警察求助了。接到多恩的报案后，警察马上组成了破案小组，并且由多利警官全权负责。

为尽快抓到凶手，并且确保小琳达的安全，警察出动了大批警力，全城进行搜查，最后在郊外一家废弃仓库里，找到了非常虚弱的小琳达。小琳达被救出来后告诉警察，绑架她的是两名中年男子，本想跟琳达的父亲再要 30 万英镑以后就逃之夭夭，但是突然听到风声，说全城警察正在搜查他们，这两个人于是赶紧带上钱，往海上跑了。

多利警官知道，离萨斯内城不远的海域就是公海，“不好，罪犯要从海上逃跑！”罪犯一旦逃到公海上，警察们就拿他们没有办法了。多利警官立即一边带领人马向海边赶，一边调遣直升机前来增援。

此时此刻，两名罪犯在海边已经驾驶一艘汽艇跑出了一段距离。来到海边，警察马上找到一艘汽艇，两名便衣立即跳了上去，全速开始追赶罪犯；前来增援的直升机也赶到了。多利警长坐上直升机，在空中指挥。

汽艇开得很快，眼看警察就要和罪犯齐头并进了，只要他们再快一点儿，就可包抄到罪犯的前面。公海已经在眼前，可是，超过去拦截已经来不及了，这样，只有把罪犯们当场击毙，可两位便衣身上并没有带枪，这可怎么办？警察多利终于决定，开着直升机将罪犯所乘的汽艇击沉。

此时，已是晚上 7 点钟左右，天色已经黑了下来，从直升机上根本分辨不出哪艘快艇是自己人，哪艘是罪犯的，驾驶员正不知向哪艘快艇投弹才好；在这关键时刻，多利警长冷静地观察了海面上的两艘汽艇，然后果断地下令道："向左边的那艘开火！"

结果证明，多利的判断是对的。那么，你知道多利警长是怎样分析出左边的那艘汽艇是罪犯的吗？

警长多利通过汽艇后面水波纹的大小情况来判断的，汽艇越快，汽艇接触水的面积就会越小，它带起的波纹就会越小。由于警察的汽艇比罪犯的开得快，因此警察的汽艇后面的波纹就比罪犯汽艇后面的波纹小。多利警官在关键时候利用波纹的大小将罪犯的汽艇分辨出来了。

安全逃离

甲、乙、丙 3 人被无辜地囚禁在一座高楼上。但是高楼上却只有一个窗口可用于逃离。现在高楼上只有一个滑轮、一条绳子、两个筐子和一块重 35 千克的石头。但是只有在一个筐子比另一个筐子重 6 千克的情况下，两个筐子才可以毫无危险地一上一下。已知甲的体重为 78 千克，乙的体重为 42 千克，丙的体重为 36 千克。

请问，这 3 个人怎样才能借助高楼上的工具安全逃脱呢？

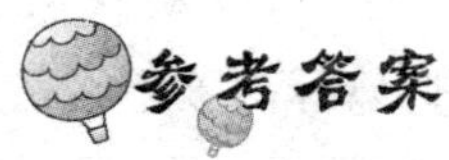

要想安全逃脱就要做到以下10步：第一步，先用人力将石头慢慢放下；第二步，丙进筐子里下去，让石头上来；第三步，让乙进另一个筐子下去，而丙上来；第四步，是石头下；第五步，甲下去，乙和石头上来；第六步，石头下去；第七步，丙下去，石头上来；第八步，乙下去，丙上来；第九步，石头下去；第十步，丙下去，石头上来。

细胞实验

小李在一个实验室里认真地做实验。他用两个容量相同的瓶子培养细胞。第一瓶培养了1个细胞，而第二瓶则培养了2个细胞。细胞每分裂一次，需要3分钟时间。当第二个瓶子内充满细胞时，需要3个小时。那么，请问多长时间后第一个瓶子也能充满细胞？

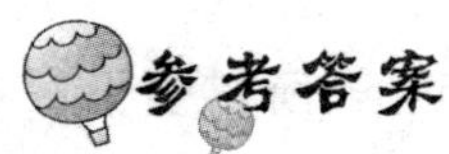

需要3小时3分。

中学老师

袁老师、彭老师和李老师3人是一所乡村中学的老师。他们分别负责教授物理、体育、英语、生物、历史和数学6门科目中的两门课程。已知彭老师、生物老师和体育老师3个人经常一起下班后回家；李老师在3人中年龄最小；物理老师和体育老师是邻居；生物老师比数学老师年龄要稍微大些；周末的时候，英语老师、数学老师和李老师喜欢打篮球。

通过上面的信息，你能推算出3位老师各担任哪两门课程的教学工作吗？

彭老师教授数学和物理，袁老师教英语和生物，李老师教历史和体育。

聪明的小刘

在一个阳光明媚的上午，一个老汉提着一篮形状和大小都一样的小茶杯在街上边走边叫卖。结果在一个转弯处，正急着赶路的小刘不小心碰了老汉一下，结果老汉的手一松，一篮的杯子一下子就都掉在地上摔碎了。

狡猾的老汉硬说这一篮杯子共有110个，1个卖1元钱，所以要小刘赔偿他110元。但小刘看着这篮杯子最多不过50个，而且有4个是完好无损的。他也知道这老汉是想讹诈他的钱，这当然不会让那老汉得逞。于是他想出了一个向老汉证明他打碎了多少个杯子的好方法。

你知道小刘是怎样证明这篮杯子有多少个的吗？

可以用秤先称出一个好杯子的重量，然后再称这一篮杯子的总重量，总重量除以一个好杯子的重量，得出这篮杯子数量，然后再按这个数量赔

偿老汉的损失即可。

怎样得到钻石

一天下午,国王召见了他的两个臣子。他们来了之后国王拿着一个瓶子对他们说:"这个瓶子里装着大小、重量、触感均相同的石头,一共有101个。其中有黑石头50个,白石头51个。你们可蒙住眼睛自取几个,假如取出的黑石和白石数目相同,便赏给你们同等的钻石。"两个大臣听后左思右想,难以下决定。国王的随从在一旁献计说:"不要太贪心,只要拿出两个,便会有50%的概率拿到两个相同的,从而得到钻石。"

不过,这真的是最好的办法吗?你能找出更妙的方法吗?

参考答案

可以选择从瓶中取出100个石头,这样就会剩下一个。剩下的石头为白石的概率为51/101,那么得到钻石的概率为51/101;剩下的石头为黑石的概率为50/101,那么得不到钻石的概率为50/101。这样成功率会更高,并且取出的石头数目变得更多,得到钻石的数目也可能更多。

丽萨夫人的无奈

丽萨夫人是伦敦的名流,她非常喜欢宠物狗。有人为了讨好她,特地从美国买回来一只长毛牧羊犬幼犬送给她;丽萨夫人非常喜欢它。为了能使这只狗变成世界第一的名犬,她便送它到以擅长训练动物闻名的德国哈根别克大学。

一年之后，长毛牧羊犬学成后返回夫人身边，丽萨迫不及待地想看看这狗训练得怎样。可没想到的是，它连坐、举手等基本动作都没有学会。可是训练师向她保证过，说这只狗能够做出主人所下达的所有命令所要求的动作。丽萨夫人为此百思不得其解。你知道这是怎么回事吗？

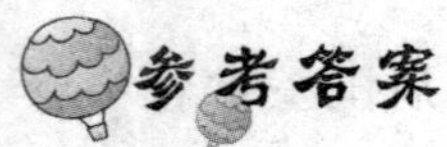

其实很简单，就是因为这只狗受的是德语教育，它听不懂丽萨夫人所说的英文。

第二章　细节之重要性

劫包事件

有一天晚上，在瑞士某小镇上，一年轻女子跑到警察局报案。她对值班人员说：

“今天我独自一人在路上走，后面开来一辆汽车。这时候我靠到公路左边，有汽车从我的右侧通过。在靠近我那一瞬间，从汽车里突然伸出一只手，把我的皮包抢走了。我希望你们尽快把抢劫犯捉住。”

“你还记得车牌号码吗？”

“我向前追了几步，看清车牌号码是9238。”

“汽车里面有几个人？”

“只有司机一人。”

这时，这个警察马上寻找这个号码的汽车，但很凑巧有两辆汽车都是这个号码。一辆A国的，另一辆则是B国的。

这个抢劫犯所开的车究竟是哪一辆呢？

（备注：A国的交通规则规定行人和汽车都是左侧通行，B国是右侧通行。）

抢劫犯是B国司机。

条文规定右侧通行的国家的汽车司机座位在车的左边,规定左侧通行的国家的汽车司机座位应在车的右边。抢劫犯只有一人,一边开车一边抢东西,并且他是从年轻女子右侧抢走的包,因此,司机的座位肯定是在左边。

走私者

K国某海关接到线人的情报,说有一个走私集团准备运一批黄金入境,且知道带黄金入境的是一个女子,将乘3510次班机抵达。

为抓住这个走私者,大批警察及缉私人员被派到机场旅客出口检查处。

3510次班机抵达后,机上乘客顺次走出航站。这次班机上有很多女乘客,其中有个十分漂亮的金发女郎。旅客一一接受了检查,但却没有发现黄金。黄金藏在什么地方了呢?难道是线人的情报不准吗?

当检查要结束时,一个聪明的缉私人员灵机一动,在那漂亮的金发女郎身上发现了要找的东西。你能找到吗?

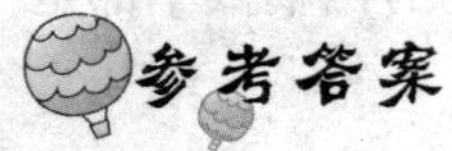

那女子不是真正的金发女郎,是戴上了由黄金丝编成的假发。

炸 药

夜深人静时，“轰”的一声巨响，全村的人都从睡梦中惊醒，人们跑到屋外一看，原来是农场主 A 的仓库里发生了爆炸。

警察赶到现场时，火已经被扑灭。警方意外地发现仓库里面除了烧剩下的一些农药、煤油，还有就是农场主 A 的尸体——他的手里还拿着一盘蚊香。仓库里存放稻草本来就够奇怪的，拿着蚊香进仓库就更令人百思不解！难道 A 想到仓库里熏蚊子吗？别说这不必要，再说 A 是出名的小气鬼. 他怎么会舍得白白点蚊香呢？当警方问到 A 会不会自杀时，

村民们异口同声地说不会。A 最近一直很高兴。打算过几天到外地去旅游,情绪很高,再说他上个月刚把自己的财产保了险,怎么会想去死呢?

经过警方调查,认为 A 有以下疑点:

1. A 为什么把蚊香拿进仓库里?

2. 仓库中的那种农药和煤油混在一起,遇明火很容易爆炸。这次的爆炸就是它们引起的。A 是化学知识很丰富的人,为什么还会把它们放在一起呢?

3. 一向很富有的 A 的仓库里为什么那么空?

讲到这里,村民都知道爆炸发生的原因和 A 为什么会死了。那么你也猜到了吗?

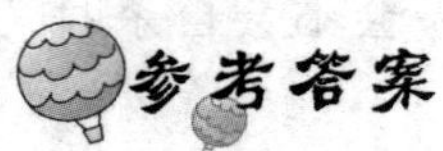
参考答案

这个农场主 A 企图烧掉仓库以骗取保险金。他准备用蚊香延长引爆时间,造成自己不在场的假证,一时不小心炸死了自己。

越　狱

B 国有座防卫森严的监狱。此监狱周围砌有 30 米高的高墙,墙上面装有高压电网。犯人不可能越墙而逃。

在一个没有月亮的漆黑的夜晚,却有一名囚犯成功地逃走了。这囚犯是一位正直的律师,因敢于仗义执言而被陷害入狱。有很多热心人都在策划救他出狱。

他用外面偷偷送进来的铁锉锉断了囚窗的铁棍,再用床单结成的绳子逃出牢房。然而,令狱卒们奇怪的是,律师的脚印一到监狱中央的广场上就消失了。附近不可能有地道,唯一逃走的出路是空中。律师越狱是有人接应的。然而,那天晚上,没有人听见直升机的声音,而直升机的动静是相当大的。你能猜出律师那些热心的朋友是用什么方法把他救离冤狱的吗?

律师朋友把气球漆成黑色,在气球下方垂一条黑绳,计算好风向,约定时间在监狱外把气球升空,待飘到广场中央时,律师抓到绳子便可随气球升空。

是谁在撒谎

一个气温超过34℃的夏天,一列火车刚刚到站。女侦探麦琪站在月台上,听到背后有人在叫她:"麦琪小姐,你要去旅行吗?"

"不,我是来接人的。"麦琪回答。

叫她的人是她正在侦查的一件案子的当事人梅丽莎。

"真巧,我也是来接人的,已经等了好久了。"梅丽莎说。说着,她从手提包里掏出一块巧克力,掰了一半递给麦琪:"还没吃午饭吧?来点巧克力。"

麦琪接过来放到嘴里。巧克力硬邦邦的。这时,麦琪突然想到什么,厉声对梅丽莎说:"你为什么要撒谎?为什么要骗我说你也是来接人的?"

梅丽莎被她这么一问,脸色变红了。但她仍想抵赖,反问说:"你凭什么说我撒谎?"

请你判断一下,麦琪凭什么断定梅丽莎在撒谎?

参考答案

因为巧克力在28℃以上就会变软,而当时气温高达34℃,梅丽莎的巧克力却是硬邦邦的,这说明她刚从有空调的地方出来,不是等了好久来接人的。

知县判案

李铁桥是广东某县的知县。一天衙门口来了一位告状的老妇人,当差的衙役便把老妇人带到了堂上。

老妇人哭诉道:"大人,我丈夫李福贵去世多年,没有留下儿子。现在我丈夫的哥哥李富友有两个儿子。为了占有我的家业,他想把他的小儿子过继给我,做合法继承人。大人啊,我的这个小侄子一向品行不端,总是用很恶毒的语言谩骂我。我实在不想让他做我的继子。于是,我就自己收养了一个别人家的孩子做继子。这下可惹怒了我丈夫的哥哥,他说什么也不同意让我收养别人家的孩子,并说不收养他的孩子,就让我这位小侄子气死我!大人呀,天下还有这样的哥哥、这样的侄子吗?请大人给我做主啊!"

李铁桥先把李富友叫到堂前,问道:"李富友,你想把你儿子过继给你弟弟家,你是怎么考虑的?"

李富友理直气壮地说道:"回禀大人,按照现行的法律,我应该过继给我弟弟家一个儿子,好让我弟弟续上香火。"

"你说的有些道理。"李铁桥肯定地说。旋即,他又叫来老妇人,让老妇人说说他不要这个侄子的道理。

老妇人答道:"回大人,照理说我应该让这个侄子成为继子,可是,这个孩子浪荡挥霍，来到我家必定会败坏家业。我已年老，怕是靠他不住，不如让我自己选择称心如意的人来继承家产。”

李铁桥大怒：“公堂之上只能讲法律，不能徇人情，怎么能任你想怎么样就怎么样呢？”

他的话还没说完，李富友连忙跪下称谢，嘴里直说：“大老爷真是办案公正啊！”而告状的老妇人却无奈地直摇头。

接着，李铁桥就让他们在过继状上签字画押，然后把李富友的儿子叫到跟前说：“你父亲已经与你断绝关系；你婶子就是你的母亲了，你赶快去拜认吧。这样一来名正言顺，免得以后再纠缠。”

李富友的小儿子马上就向婶子跪下拜道：“母亲大人，请受孩儿一拜！”

老妇眼见着知县如此判案，侄儿又在眼前跪着，边哭边对李铁桥道：“大人啊！要立这个不孝之子当我的儿子，这等于要我的命，我还不如死了好！”

听她的话，知县李铁桥不禁哈哈大笑，然后很快就断了案。

请问你知道知县李铁桥是如何断案的吗？

参考答案

知县李铁桥将那个孩子断给老妇人是欲擒故纵，李铁桥于是当众对其父李富友说道：“父母控告儿不孝，儿子犯了十恶大罪应当处死。”李富友闻听儿子要被处死，连连求情。李铁桥便说道：“现在只有一个办法，就是不让他做婶子的儿子，就可以不以不孝重罪来处死。”李富友只得照办，老妇人便顺利地不要这个儿子了。他知道如此不公的判决，老妇人一定不服，甚至觉得冤屈。果然如他所料，老妇人听到不公的判决后便说了“不孝之子……”那句话。于是李铁桥马上便问道：“你说这个儿子对你不孝，你能列举事实吗？”老妇人便马上说出了很多件侄儿不孝之事。

成为现实的诅咒

银行经理拜纳姆是一个时间观念很强的人，身上总带着一块手表和一块怀表，常常看时间。

3月份的某一天，家里只有拜纳姆和侄子两人，有一位客户来访。夜深了，在客户即将告辞时，他把侄子叫上二楼。据他侄子讲，是伯父忘记打开窗子，让他把窗子上下各打开一英寸。然后，客户和他侄子就离开了。他们只喝了一小会儿的酒，侄子向客户借了一把猎枪打猎用，两人一同折回拜纳姆家，但门却锁着，进不去。他的侄子非常的生气，就用手中的猎枪朝空中打了一枪，大叫道："伯父，你摔死在楼梯上算了！"

当晚，他就住到了客户家。第二天发现，拜纳姆居然摔死在楼梯下。楼梯的地板有凹凸的痕迹，显然拜纳姆是被绊倒失足跌落摔死的。死者的右手握着怀表，手表摔坏了，指着12点，正是他侄子叫喊的时候。

难道诅咒真能成为现实吗？

侄子离家前偷着把拜纳姆的表调快了。在侄子回家敲门的时候，拜纳姆正在睡觉，被吵醒的拜纳姆便起床用右手拿起怀表看看时间，再看看戴在左手腕上的手表，发现两块表的时间相差了一小时之多，于是就边看时间边下楼。这时侄子估计拜纳姆大概在下楼了，便用手中的猎枪朝空中打了一枪，大叫说："伯父，你在摔死楼梯上算了！"这时的拜纳姆本来就因为看表而分了心，加上侄子的催促，再加上楼梯的不平整，心一急便摔了下来。

沾满鲜血的石头

摄影记者查尔和他的助手佐罗专程来到非洲拍摄狮子。

突然有一天，当地警方接到报案，查尔在拍摄过程中出了意外，死于非命。当地的探长在接到报案后 15 分钟内赶到了现场，立刻开始了对现场的勘查。

查尔身穿一件土黄色的摄影背心和一条蓝色的牛仔裤，面朝天，躺在地上，两手很自然地平放在身体的两侧，离手不远处是那台他最爱的照相机，相机的镜头已经被摔碎了，只有三角架还完好无损。查尔的头部向他身体的左侧倾斜，头部下面的土地已经被血染成了黑红色，鼻梁上的眼镜已经碎了，眼睛瞪得大大的。查尔头部的旁边，是一块鸵鸟蛋那么大的石头，好像是花岗岩质地的，上面满是血迹，石头是陷在土里的，看样子倒霉的查尔就是死于这块石头的。

探长看了看那块石头，慢慢地戴上了手套，将石头从土里挖了出来。忽然，他发现石头埋在土里的那一部分也有那么一点点的血迹，于是探长产生了怀疑。

此时，一旁的佐罗向探长描述了当时的情况，他说："查尔在拍摄狮子捕猎的镜头，但是他离它们太近了，其中一头狮子在追捕野牛的时候发现了查尔，然后掉头就向查尔跑了过来。查尔看见后下意识地开始向后跑，一边跑，还一边把头扭回来看；我也赶紧拿起猎枪冲了上去。没想到，他再一次回头看的时候，不小心被脚下的石头绊倒了，然后他的头就正好摔在了那块石头上，我立马对狮子放了一枪，把它给吓跑了，然后过去一看，查尔已经死了。"探长看了看不远处的狮群，稍远的地方还有其他各种动物群，草原依然生气勃勃。他笑了笑对佐罗说："他还真是不幸啊，狮子一般是不伤人的。"

“也许是他的相机晃到了狮子的眼睛吧。”

“可能吧，不知道是哪头狮子这么凶猛？”探长说。

“我自己也说不清楚到底是哪一头，当时有好几头狮子在捕猎，但我记得是一只个头非常大的雄狮。”

“哦，其实查尔站在原地不动可能还没有事。你很勇敢，当时能够跑上去救他。”

“我对着狮子猛的开了一枪才跑过去的。”

“那你开的那枪打中狮子了吗？”

“我觉得应该没有吧，因为我的枪法不是很好。”

“可是不管怎么样，我都希望你能够回去协助我们调查。”

“好的，发生了这场意外我很难过，我一定会尽我所能协助你们的。”

“可我不认为这是意外。”探长意味深长地说。

探长为什么认为这不是意外呢？

参考答案

1. 那台相机接着三角架，很重，人逃命的时候肯定不会那么麻烦地卸下相机，再拿着它奔跑。

2. 查尔头下面的石头，是佐罗用它砸死查尔后埋入土中的，所以埋在土中的部分有血迹。

3. 通常情况下，雄狮一般是不参与捕猎的。

4. 如果有人在草原上放了一枪，那么动物肯定都会跑远。

5. 人正常绊倒时是脸部着地，在猛烈翻滚后，手一定不可能自然地放在身体两侧。

监守自盗

勒夫先生是一位著名的考古学家。他性格非常随和,独自住在郊外的别墅里。由于工作需要,他每年都要外出。当他不在家的时候,就委托邻居哈姆帮他照看房子。

一天早晨,勒夫在外出3个月后归来。哈姆急忙告诉他,前一天的夜里他家被盗了。勒夫进屋一看,家里被翻得乱七八糟,箱子柜子都被打开,几件价值不菲的古玩和一大笔钱被盗走。勒夫马上报了警。

闻讯赶来的马歇尔警长向哈姆了解案发当天的情况。哈姆说:“昨天夜里我睡得正熟,忽然听见勒夫家里有很大的响声,于是我急忙爬了起来,想看看出了什么事。我走到别墅窗边,由于外边天气凉,玻璃上结了一层非常厚的霜,什么也看不清。我便朝玻璃上哈了几口热气,这才看清有人在屋里翻箱倒柜。我马上冲进去,但盗贼真的好狡猾啊,居然让他在我眼皮底下溜走了……”

“好了!”马歇尔打断了他的话,说:“你的表演很不错,但你骗不了我。你就是小偷!”哈姆大惊失色,在盘问下不得不承认自己监守自盗的事实。

哈姆供词中的破绽是什么?

参考答案

玻璃上的霜只会结在室内的那一面。

蚊子当证人

大本博士的科研成果被某大医院觊觎很久，可大本博士一直不想把专利出售给那家医院。医院于是花高价雇用了窃贼安妮，让她去盗窃大本博士的研究资料。

在长期观察博士居所后的一个夜晚，安妮潜入大本博士家的院子里伺机作案，可是等了一个多小时仍不见大本博士就寝。安妮开始变得急躁起来，蚊子不停地叮她的手和脸，她不停地拍打着。

经过漫长的等待，博士终于休息了。安妮于是赶忙从窗户钻进了室内，用相机偷拍下了博士的研究论文，然后又原样放回，接着又悄悄地从原路出去。当然，作案时没留下任何痕迹。可是，3 天之后，警长雷吉来到安妮的住所。

雷吉对安妮说："安妮，我们也算是老朋友了，钻进大本博士家偷拍研究论文的就是你吧？"他开门见山地问道。

"你胡说什么呀，我早就不干这种事啦。"安妮佯装不知。

"如果我没记错的话，你的血型应该是 Rh 阴性 B 型吧？"

"是啊。不过那又怎么样？"

"Rh 阴性 B 型血可是千分之一的稀有血型。在大本博士家的院子里找到了这种血液，你这个惯盗也有纰漏呀。"听到雷吉这么一说，安妮感到很吃惊，自己小心谨慎，没有被划伤，怎么可能有血液留在院子里呢？她颇为不解。

那么，到底是什么原因使安妮的血液被留下来了呢？

是蚊子叮咬的缘故。安妮潜伏时,蚊子不停地叮她,她下意识地拍打了几下,死蚊子落在了博士的院子里。由于是刚吸过的血,蚊子里的血液抗原体形态还未被破坏,所以可以化验出血型。

消失的飞弹

"为富不仁"这个词用在盖尔身上再合适不过了！他是一个千万富翁,却与各种慈善活动绝缘。不仅如此,就是对待亲戚朋友,盖尔也是悭吝得过分。因为他一毛不拔的性格,很多人都特别讨厌他。

一天晚上,一声枪响之后,盖尔死在别墅的花园里。听到枪声后,盖尔的邻居跑进他家,看到盖尔惨死,就报了案。

接到报案后,警方立马赶到现场调查,见盖尔胸口有一处伤痕,是被子弹射中造成的。解剖发现,子弹准确击中了盖尔的心脏,伤口足足有10 厘米之深,但是,警方找不到弹头。

由于一枪毙命,警方断定凶手是一名职业杀手。杀手为了使自己杀人后不留下任何线索,采用了一种特制的弹头,这种子弹射进人体后会自动消失,而不被警方发现。

你知道这种特制的弹头是用什么做的吗?

凶手用与死者同血型的血液,经过冷冻,做成"弹头"。这种"弹头"射入人体后,会融化成血液,所以"弹头"就会自动消失。

有人在说谎

酒吧的老板娘苏丽尔昨天晚上被人杀了,时间约在8点,距现在正好24小时。

据警方勘查,凶手可能是用细绳之类的东西勒死苏丽尔的,不过现场并无凶器。发现尸体的是大厦管理员杰尔,他说:"刚才我到楼上去,发现苏丽尔的门没锁,就推门进去,看到苏丽尔靠在沙发上。我刚开始以为她睡着了,就摇了摇,结果她没反应。我把她的头抬起来一看,才发现她死了。我就赶紧打电话报警。"杰尔还告诉警方,苏丽尔有个男朋友,是酒吧的服务生杰森。于是杰森也被叫去问话。

杰森向警方供述:"昨晚9点多我去找她,结果发现她死了。我怕人怀疑,所以就回去了。她其实还有另一个男友,你们为什么不去调查他?"

杰森所说的另一个男友——比尔,是个俊朗的建筑师。面对警方的问话,比尔说:"昨晚10点以前我都在咖啡厅,大概11点左右回家。你们还要我提供什么线索吗?"

听了他们3个人的供词,警长说:"你们三人当中有一个在说谎!"

说谎的人是谁呢?

参考答案

说谎的人是管理员杰尔。因为尸体经过24小时就会变硬,所以不可能把她的头抬起来。

纸上的洞

小丽和外婆在做剪纸游戏。只见外婆把一张纸对折，再用剪刀沿着折痕剪个洞，然后把纸片展开，纸上就出现了一个洞。现在外婆把纸对折一下后，再呈直角对折一下，按照这个方法对折 6 次，然后在最后折的一边剪了个洞，外婆问小丽，现在把纸片展开后，会得到多少个洞呢？小丽想了半天也没说出来。

你知道答案吗？

32 个洞。

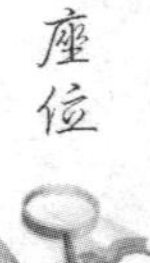

筛选假币

桌上有 8 枚硬币，其中有一枚是假的，但单纯从外观看，它们是一模一样的，无法分辨。已知 7 枚真币重量都相等，只有那枚假币比其他的都要轻。现在要用天平将这枚假币找出来，而且在用天平称重量时，没有其他东西做砝码，只能用这 8 枚硬币。你知道最少用几步能把这枚假币找出来吗？

这挺简单的，用 2 步就可以找出来。把 8 枚硬币分成两部分，一部分

6 个硬币，一部分 2 个硬币。先将第一部分的硬币一边 3 个分别放在天平的左右两边。如果天平是平衡的，那么假币一定在剩下的 2 个中。然后直接用天平就可以找到假币是哪一枚了。

剩下几号

训练场上，运动员们正在认真地练习方阵变形。教练让 1～50 号运动员按照顺序排成一排，然后下令："单数运动员出列！"剩下的运动员重新编号排队。然后教练再次下令："单数运动员出列！"如此下去，最后只剩下一个人，他是几号运动员？如果教练下的令是："双数运动员出列！"最后剩下的又是谁？

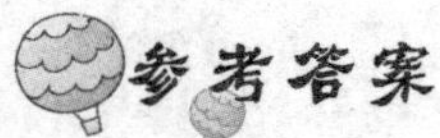

首先我们可以推出剩下的人是逐渐向中间靠拢的；而且第一次剩下的运动员的编号能被 2 整除，第二次剩下的运动员的编号能被 4 整除，同理第三次剩下的运动员能被 8 整除……第 N 次剩下的运动员能被 2^n 次整除。最后剩下的就是能被 2^5 整除的数，所以最后剩下的运动员是 32 号。双数运动员出列跟单数是一样的道理。

黑子和白子

老赵用围棋和儿子在玩游戏。他抓了一大把黑棋子和白棋子，一共 70 颗，排成一排，排列的顺序是：白，黑，白，白，白，黑，白，白，白，黑，白，白，白，黑，白……

你知道排到最后一颗是什么颜色的棋子吗？这些棋子中白色棋子有多少颗？

由题我们可得出排列的规律：白，黑，白，白，是一个周期。因为 $70 \div 4 = 17$ 余 2，即上面排列重复 17 次后还剩 2 颗。所以，最后一颗是黑棋子。70 颗棋子中白棋子有 $3 \times 17 + 1 = 52$（颗）。

思维小故事

《百马图》真伪辨

北宋时期，一天在京城街头，有一人手执画卷高声叫卖："名贵古画《百马图》，识货者请莫错过良机！"一听是《百马图》这幅名画，行人马上围拢过来。只见画面上群马嬉戏，踢腿昂首，千姿百态，无不栩栩如生，其中最引人注目的要数一匹红鬃烈马，圆睁着双眼在吃草。

卖画人正介绍这幅画，忽然听人群外有人冷笑几声，说道："各位，真正的《百马图》在这儿，那幅画是赝品！"说毕也展开一幅画。

众人一看不由连声喊奇，两幅画几乎一模一样。只是后一幅画中埋头吃草的红鬃烈马双眼闭合，好像是边吃草边打瞌睡的样子。

这下，可就热闹了。两个卖画的人争论不休，都说自己的画是真迹，对方的画是假货。

人人都知道《百马图》的作者非常熟悉马的生活习性。亲爱的读者，请你判断一下这两幅画的真伪并说明根据是什么。

参考答案

前一幅是假的,后一幅是真迹。

马在草丛中吃草时本能地闭合双目,是为了防止草叶刺伤眼睛。作者是画马大师,非常熟悉马的生活习性,会注意到这一点。

四个亲兄弟

任先生有4个儿子，老大、老二、老三生性顽劣，只有老四为人实在，不会撒谎。不过，老二有的时候也会说实话。下面是4个兄弟关于年龄的对话。

A："B比C年龄小。"

B："我比A小。"

C："B不是老三。"

D："我是长兄。"

根据以上的信息，你能判断A、B、C、D的年龄顺序吗？

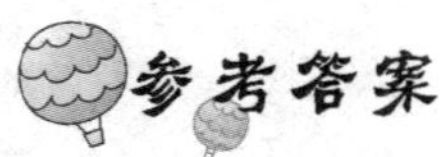

参考答案

从他们4个人每人说的那句话中，我们可以得知4个兄弟的年龄顺序为A、B、D、C。其中说真话的（老二和小弟）不可能说"我是长兄"，所以，D的话是假的，可知D不是长兄，而是老三。那么，B就不是老三了，C的话就是真的，C就是老二或者小弟。假设A说的是真话，C和A就是老二和小弟，B就是长兄了，则A又在撒谎，所以这是相互矛盾的。所以，A是长兄。从A的话中可知，B是老二，C是小弟。

养鱼的是谁

在一条非常有特色的街上，有5座房子，外墙面是5种颜色。每座房子里住着不同国籍的人，每个人喝不同的饮料，种不同的花，养不同的宠

物,情况分别是这样的:

①英国人住红色房子。

②瑞典人喜欢养狗。

③丹麦人偏爱喝茶。

④绿色房子在白色房子左面的隔壁。

⑤绿色房子主人喝咖啡。

⑥种郁金香的人喜欢养鸟。

⑦黄色房子的主人爱种百合花。

⑧住在中间房子的人爱喝牛奶。

⑨挪威人住在第一座房。

⑩种玫瑰花的人住在养猫人隔壁。

⑪养马的人住在种百合花的人隔壁。

⑫种兰花的人酷爱喝啤酒。

⑬德国人在种康乃馨。

⑭挪威人住在蓝色房子隔壁。

⑮种兰花的人有一个喝水的邻居。

根据上面的提示,你知道谁养鱼吗?

参考答案

由上面我们可以得知,挪威人住黄屋子,种百合花,喝水,养猫;丹麦人住蓝屋子,种玫瑰花,喝茶,养马;英国人住在红屋子里,种郁金香,喝牛奶,养鸟;德国人住绿屋子,种康乃馨,喝咖啡,养鱼;瑞典人住白屋子,种兰花,喝啤酒,养狗。所以答案是:德国人养鱼。

得到情报

在珍珠港之战中，美军司令部截获一份秘密情报。经过初步破译得知，下月初敌军的 3 个师团将兵分东西两路再次向美军发动猛烈的进攻。在东路集结的部队人数为“ETWQ”，从西路进攻的部队人数为“FEFQ”，东西两路总兵力为“AWQQQ”，但到底是多少现在却还破译不出来。于是情报部门找来一位数学教授破译了该情报密码。

你知道数学教授是怎么破译的吗？

细心分析，可以发现只能是 $Q+Q=Q$，而不可能是 $Q+Q=2Q$，故 $Q=0$；同样，只能是 $W+F=10$，$T+E+1=10$，$E+F+1=10+W$。所以有 3 个式子是可以确定的，分别是：$W+F=10$，$T+E=9$，$E+F=9+W$，可以推出 $2W=E+1$，所以 E 肯定是个单数。另外 $E+F>9$，$E>F$，所以推算出 $E=9$ 是错误的，$E=7$ 是正确的。所以最后的答案是：$E=7$，$W=4$，$F=6$，$T=2$，$Q=0$，东路兵力是 7240，西路兵力是 6760，总兵力是 14 000。

阿云吸烟

小气鬼阿云对自己也非常小气，他常常用 3 截烟蒂接成一支香烟来吸，既省钱又可以满足自己的烟瘾。

一天半夜，他吸完了所有整根的香烟，早上烟盒里没有烟了，而且烟灰缸里已经横七竖八地放着 7 截烟蒂。于是，他就又像往常一样，把烟蒂收集起来接成整根香烟，美美地吸完了。

你知道阿云这一个早上能吸到几整根香烟吗？

参考答案

他能吸到3根。他先用其中6截烟蒂接成两根香烟来吸，吸完剩下两截烟蒂，再与先前的一截凑成整根。这样他刚好吸了3根香烟。

到底几点能走

陈丽可以从手表、手机显示时间以及公司的电子钟看到时间，但这3个时间都不是准确的时间。细心的陈丽核对过，它们分别与标准时间相差4分钟、5分钟、10分钟。快下班了，这是陈丽每天最盼望的时刻。她看了一下时间，手表是4点56分，手机显示时间是5点10分，公司电子钟是5点1分。

你能推出陈丽是几点下班吗？

参考答案

手表慢10分钟，手机快4分钟，电子钟慢5分钟。陈丽是5点6分下班。

救济所

一个救助所开始每星期都为一些特别困难的人发救济款。救助所的负责人说，如果减少 5 个人的话，每人就可以多得到 2 元。因此每一位被救济的人都希望其他人没有来。但是，第二星期领救济款的时候，不仅没有缺一个人，而且还比上周多了 4 个人，这样他们每人领到的救济款就比以前少了 1 元。

你知道在第一星期他们每人得到了多少钱吗？

第一星期每人得到了 6 元。

剩下的页数

王明在书店里买了一本考试复习用的参考书。这本书一共有 200 页。为了便于复习，他先把最为有用的第 3 ~ 12 页总共 10 页书全都撕了下来，这样就只剩下 190 页。之后，他又把次有用的第 56 ~ 75 页撕了下来。请问：这本书现在还剩下多少页？

从王明撕下第 3 ~ 12 页后，就只剩下 190 页了，我们就可以推出这本书的编排：第 3 页和第 4 页是在同一张纸上，第 5 页和第 6 页是在同一张纸上，依此类推，王明撕下了第 56 ~ 75 页，实际上就相当于撕了第 55 ~ 76 页，因为第 55 页和第 56 页是在同一张纸上的，第 75 页和第 76 页也是在同一张纸上，因此这本书还剩下 168 页。

思维小故事

价值连城的邮票被盗

加力与简恩合谋将邮票展览中价值连城的古版邮票偷走。离开时简恩带着邮票，二人分开逃跑。

两天后，加力来找简恩，商量将邮票变卖分赃。简恩道：“现在风声正紧，我把邮票藏到秘密的地方。等过些日子，我们再取出变卖吧。”但加力认为，这是简恩想独吞邮票的诡计，不肯答应。

最后，简恩说：“这样吧，邮票由你保管，等风声过后我再来找你，这样你总可以放心了吧？”加力答应了简恩的建议。

简恩取出一把钥匙，说：“我把邮票藏在了《圣经》第 47 页和第 48 页之间，这本《圣经》存放在距离这里三条街的邮局信箱里面。这是邮局的钥匙，钥匙上有信箱的编号。你去拿吧，晚些时候我再与你联系。”

加力拿了钥匙便匆匆往邮局跑去。走到半路，他停了下来，低声骂道：“混蛋！竟然敢骗我！”他跑回去找简恩，但简恩已逃之夭夭了。

加力为什么说简恩欺骗了他呢？

《圣经》的第 47 页与第 48 页是同一张纸的两面，简恩是不可能把邮票藏在这两页之间的。

互换铅笔

王玲有 48 支铅笔，孙明有 36 支铅笔。若每次王玲给孙明 8 支，同时孙明又还给王玲 4 支。请问经过这样的交换，几次后孙明的铅笔数是王玲的 2 倍？

5 次。因为交换后孙明的铅笔数是王玲的 2 倍，所以交换后王玲的

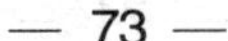

铅笔数应是 $(48+36)\div 3=28$。由于王玲原有 48 支铅笔，而且每次交换后王玲给出 $8-4=4$，所以要给出 $48-28=20$（支）。共要交换 $20\div 4=5$ 次。

10 人比赛

学校举办一次象棋比赛，总共有 10 名同学参加。比赛采用单循环赛制，每名同学都要与其他 9 名同学比赛一局。比赛规则：每局得胜者得 2 分，负者得 0 分，平局两人各得 1 分。比赛结束后，10 名同学的得分各不相同，已知：比赛第一名与第二名都是一直胜；前两名的得分总和比第三名多 20 分；第四名的得分与最后四名的得分和相等。

那么，你知道第五名同学的得分是多少吗？

参考答案

第五名同学的得分是 9 分。

生还人数

一艘客轮触礁。客轮上只有一艘备用的救援船。这艘船只能装下 5 个人，离客轮最近的岛有 4 分钟的路程。20 分钟后客轮就会沉海。客轮上共有 25 人，到底多少人能生还呢？

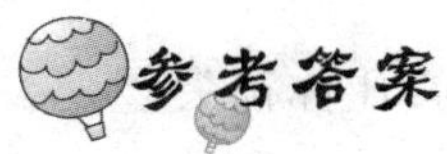

共有13人脱险。第一次往返需要8分钟,而要有一个人驾驶船回来,所以只有4人逃脱。第二次又可以有4人逃脱。第三次刚好装载了5个人在抵达岸边之后,船就沉掉了。所以一共有13人逃脱。

皮茨说谎

精神分析学说创始人弗洛伊德的学生皮茨非常受老师的器重。刚到研究所第三天,弗洛伊德就交给他一串钥匙,并带他来到了一间保密室,指着一幅画像说:“世界上有很多名人的心里秘密都藏在画像后面的保险柜里。”然后弗洛伊德带着皮茨参观了保密室,让他熟悉这里的一切。最后他从窗台上搬了一盆生长茂盛的绿色植物放在了那幅画像的前面,外面的阳光很好,正好可以照在植物宽大的叶子上。弗洛伊德在离开前对皮茨严肃地说:“这间密室共有两重保险门,只有你一个人可以进出这里,别人是没有钥匙的,包括我。这里有你生活上所需要的一切设施和物质,你要在这里住上5天,一刻也不能离开。5天后会有另外的人替代你。记住,室内的保险箱不能动,必须有我在场才能开启,里面的档案绝对不能偷看。”皮茨非常兴奋地接受了这个任务。

5天之后,弗洛伊德来到了密室。他问皮茨:“自从那天我走后,确实没有其他人来过吗?”

“是的,只有我一个人在这,老师。”皮茨答道。

弗洛伊德走到画像前,那盆绿色植物仍然摆在那里,宽大的叶片都朝向画像一侧。

“你现在把保险箱打开吧。”皮茨按照老师的话打开了保险箱。“是空的!"年轻人喊起来。

"是空的,"弗洛伊德眨了眨眼说,"它本来就是空的,让你很失望吧,没有满足你的好奇心。好了,现在你可以告诉我了,你一共坚持了几天?"

"老师我不懂您在说什么啊,我没动过任何东西。"

"好了,年轻人不要撒谎了。"

其实这个年轻的学生的确开了保险箱,那么你知道弗洛伊德是怎么发现的吗?

是那盆植物的叶子泄露给弗洛伊德的。因为如果5天没有人移动它,它的叶片就应该倾向窗外的阳光,可弗洛伊德看到的是叶片都倾向了画像一侧,说明这盆植物被人移动过了。

三个儿子

一个猎人,有3个儿子。一天,3个儿子出门学射箭回来,猎人想考考他们。他就把3个儿子叫到跟前,问他们:"我在盘子上放3个苹果,让你们用箭射掉,你们想想看,该用几支箭?"老大说:"若让我来射的话,我需要用3支箭。"老二说:"我只需要用两只箭就够了。"老三说:"我用一支箭足矣。"说完,他们请父亲评论。猎人说:"老大诚实,老二狡猾,老三聪明。"猎人为什么这样评论3个儿子呢?

老大想用3支箭来射盘中的苹果，一个一个地射，说明他的性格实在；老二想用两支箭来射3个苹果，是不现实的，他存在侥幸心理，是狡猾的；老三想用一支箭射中盘子，使3个苹果掉下来，所以他是聪明的。

高个儿使诈

马戏团里一共有两个侏儒演员，盲人侏儒比另一个侏儒还要矮些，但也只是矮了几厘米。由于经济不景气，现在马戏团需要辞退一个侏儒，而且马戏团里的侏儒当然是越矮越好了。两个侏儒决定比高矮，个子高的就要离开这个城市。

可是，在约定比个的前一天晚上，盲人侏儒也就是那个更矮的侏儒就已经离开家而出走了。在他的家里发现了木头做的家具和满地的木屑。

你能想到他为什么要选择离开吗？

参考答案

原因就是那个高侏儒趁盲人侏儒不在家时，偷偷地到了他的家里，用锯把盲人侏儒家的家具腿都锯短了一大截，盲人侏儒回来后摸到矮了一大截的家具，还以为自己长高了，他觉得这次比矮肯定输定了，还不如自己直接走呢，于是他就离开了。

思维小故事

消失的爆炸声

有一个夏天,加里森敢死队接受一项任务,去窃取德军研制某种新式武器的设计图纸。图纸藏在一座古堡的密室中。古堡的周围是 20 米宽的护城河。其他人恍然醒悟,是呀,水下炸弹在夜深人静时一爆炸,德军肯定会用重火力封锁爆炸的地方。那时要取到图纸、安全撤离可不容易。

队长加里森却笑笑说:“放心吧,伙伴们,我早已想好了,德军根本不会理睬爆炸声的。”

根据情报得知密室与河堤只隔着一道墙。如果夜间潜水游近那道墙,选择好位置,用水下炸弹将墙炸开,就可以进入密室,拿到图纸。于是,加里森等一行 6 人乘轰炸机,在一个漆黑的夜晚飞向这座古堡。刚起飞不久,有一位队员大声说:“我来之前把遗嘱都写好了,这次行动很难安全脱身。”

那么这是为什么呢?难道德军听不见轰隆响的爆炸声吗?

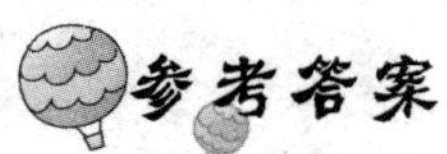

参考答案

由于加里森早已考虑到这一点,因此他才率队乘轰炸机去完成任务。所以他要在队员潜水的同时,并且安排轰炸机对古堡进行空袭。一片轰炸声中德军肯定不会注意到水中炸弹的爆炸。

短链怎样变长

现在有 5 条链子,每条链子由 3 个环组成,如果把这 5 条短链连成一根长链条,并且只能截断其中 3 个环,你可以做到吗?

参考答案

把一条短链上的 3 个环截开,然后用这 3 个环把其他 4 条链子串起来就可以了。

剩下的蜡烛

一天晚上突然停电了,小丽就点亮了 8 根蜡烛,但外面一阵风吹来,有 3 根直接被风吹灭了。过了一会儿,又有 2 根被风吹灭了。为了防止蜡烛再被吹灭,小丽赶紧关上了窗户。之后,就没有蜡烛被吹灭了。小丽就这样一直点着蜡烛睡了一晚。

请问,最后还能剩下几根蜡烛?

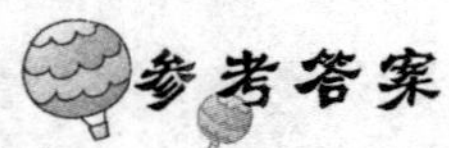
参考答案

5 根。因为燃着的蜡烛最终将燃尽。所以,最后只可能剩下已经被风吹灭的蜡烛。

让上司换工作

雷吉是一家大公司的高级主管,工作做得也很不错。但是他现在面临一个两难的选择:一方面,他很喜欢自己的工作,也非常喜欢这份工作带来的丰厚薪水;但是,另一方面,他非常讨厌他的上司,经过多年的忍受,近一段时间他发觉已经到了忍无可忍的地步。终于,雷吉在经过慎重思考之后,决定找“猎头公司”帮他重新谋一个别的公司的职位。“猎头公司”告诉他以他现在的资历,再找一个类似于现在的职位并不是太费劲的。

回到家中,雷吉把这些告诉了他的妻子。妻子是一位大学教师。那天她刚刚教学生如何重新界定问题,也就是把正在面对的问题完全颠倒过来看，不仅要跟你以往看这个问题的角度不同，也要和其他人看这个问题的角度不同。她把自己上课的内容讲给丈夫听，希望能给雷吉一些启示，帮他留在公司，因为毕竟跳槽是有很大风险的。雷吉听了妻子的话后，有了一个比较大胆的想法，那就是让他的上司自愿离开公司。这样一来自己就不需要再继续忍受他了。

那么你知道雷吉是怎样让他的上司离开公司的吗？

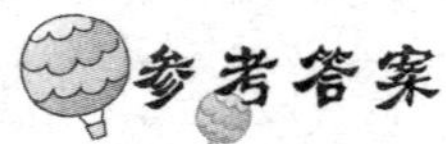

雷吉来到"猎头公司"，请"猎头公司"替他的上司找工作。不久，他的上司就接到了"猎头公司"打来的电话，请他去别的公司高就，福利待遇都要比现在优越很多。雷吉的上司也就没有理由不离开这里了。

狮子和鸵鸟的数目

动物园管理员决定计算一下动物园里的狮子和鸵鸟的数量。出于某种原因，他是通过计算这些动物的头和腿的数目以达到统计动物数量的目的。最后，他算出一共有35个头和78条腿。那么，你知道动物园里分别有多少狮子和鸵鸟吗？

有4头狮子和31只鸵鸟。因为已知有35个头，所以最少会有70条腿。但是，他数出了一共有78条腿，也就是比最少的数多了8条，因此多出的8条腿必定是狮子的。8除以2便是四条腿动物的数量，即狮子的数量是4头。

第三章　真理之探索

杀手之谜

在一个在医院长期住院的病人,在星期天早上,被人杀死在病床上。从伤口的情况判断,死者是被人用刀刺死的。

不过,却有一样很特别的情况,就是刀柄外有蚂蚁聚集。

警方派出人员搜查医院,在后山花园的树下里,找到一把用布裹着刀柄的短刀。估计凶手是为了不留指纹而用布包着刀柄行凶的。

由于行凶时间是在半夜,因此凶手可能是住院的病人。经过调查,发现3个病人都有嫌疑,他们分别是:

8号病房一患有糖尿病的病人。

10号病房一患有心脏病的病人。

5号病房一患有肺结核的病人。

那么你看哪个是杀人凶手呢?

可判断凶手就是8号病房的糖尿病患者。

因为凶犯杀人时会因为紧张而手掌冒汗，患糖尿病的人，流汗特别多，加上汗液中含有过量的糖分，因此，用布包着的刀柄上，才会有很多蚂蚁，那是糖分把它们吸引来的。

杀人凶器

有一个85岁高龄的集邮家，今晚在他的卧室里为一位朋友的集邮品估了价。朋友去客厅参加舞会了，仆人走进来想请老人家上床休息，却发现他伏在桌子上，因颅骨受到致命打击而死亡，于是立即打电话请来了名探霍金斯。

霍金斯验过尸体，判断死亡时间约在20分钟以前。

“谁将是死者遗嘱的受益者？”霍金斯问。

“嗯……有我，还有今天舞会上的所有人。”仆人答道。

仆人说：“我进门时，好像听见轻轻的关门声，似乎是从后楼梯口传来的。”

霍金斯仔细察看了桌子上的5件物品：一把镊子、一本邮集、一册集邮编目、一瓶挥发油和一支用于检查邮票水印的滴管。霍金斯走出房间来到楼梯边，俯视下方的客厅，那儿正为集邮家的孙女举行化装舞会。

霍金斯居高临下，逐一审视那些奇装异服的狂欢者，目光最后落在一个扮作福尔摩斯的年轻人身上。他斜戴着一顶旧式猎帽，叼着个大烟斗，将一个大号放大镜放在眼前，装模作样地审视着身边一位化装成白雪公主的姑娘。

“快去报警！”霍金斯吩咐仆人，“我要拘捕这位‘福尔摩斯’先生。”

想一想，霍金斯依据什么判断出了凶手？

参考答案

霍金斯意识到杀人凶器正是从集邮家桌上不翼而飞的放大镜，而放大镜是检视集邮品必不可少的工具。

盗窃趣闻

一家小珠宝店关门停业了3天。店员们都利用这3天假期出城探亲。第四天上午刚开店，便走进来一位顾客。他让店员打开橱柜，要看里面的手表。店老板丘吉从账桌那边走过来，打开橱窗，让他选择。这位顾客拿起一块表摆弄了一阵，问了价钱，说要考虑考虑，就走了。这位顾客刚离开不一会儿，丘吉发现橱窗里靠门的那边少了一串名贵的珍珠项链。他愣了片刻，立即吩咐店员关门闭店，而后挂了报警电话。

没出5分钟，巡警韦尔奈赶到了珠宝店。丘吉迎上去说："我相信盗贼在你们警察局是挂了号的，他的动作太神奇了，连我也没有看出来。"说完，他耸了耸肩，现出一副苦相。

韦尔奈问道："那个人长得什么样？"

丘吉眯起眼睛："很平常，个子高高的，戴一副茶色眼镜，衣着很考究，不过，脸面吗……我没看清。"

"如果他是惯偷，档案里一定能有他的指印，这店里也会留下的。"

"怕不会的，我看见他刚放下表，就立即戴上了手套。"

"那么表上一定会有的。请告诉我，那个人动了哪块表？"

"这谁知道。橱柜里挂着100多块表，凡是来买表的顾客都要摆弄一番，哪块表上能没有指印。"

"不，我认为这并不像您说的那样困难。"

巡警韦尔奈说着,已经用镊子夹起一块表:“这就是那个人动过的那块表。”

然后,韦尔奈在那块表上取下了罪犯的指纹。很快,韦尔奈便根据这一线索,查出并逮捕了罪犯。

韦尔奈是怎样找出那块留有犯罪分子指纹的手表的呢?

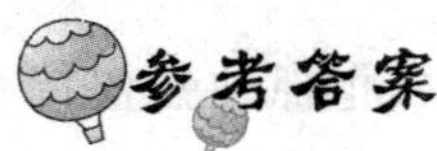

盗窃犯动过的表区别于橱柜里其他表的唯一特征是它在走动。别的表,即使假日前有人看过,上过弦,这时也早该停了。因为珠宝店停业放假3天。

谁是偷窃者

黄先生下课时收上来500元学费,因为会计没在,他把这笔钱放在办公桌第三个抽屉里,而且锁好了,想第二天将这笔钱交给会计。

第二天早晨,黄先生一到学校就准备把钱拿出来。他开了抽屉,发觉抽屉已空空如也,放在里面的钱竟然不翼而飞。

黄先生感到非常奇怪,因为抽屉的钥匙一直在他身上,而且抽屉绝没有被撬的痕迹,钱怎么丢了呢?

学校保卫干事到现场调查。他坐在书桌旁,思考着窃贼是怎样将钱偷走的。过了几分钟,他突然想明白钱是怎样被人偷的了。

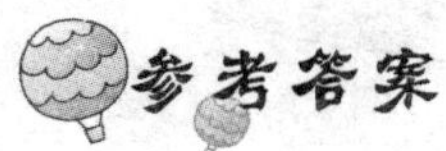

偷钱者是将第二个抽屉拉开,伸手从第三个抽屉中把钱偷走的。黄

先生抽屉的锁安得很不合理，因为上下是相通的，虽然第三个抽屉上安了锁，但第二个抽屉没有锁，第三个抽屉里放什么东西都很容易被偷走。

强盗的计谋

银行警卫发现了强盗，随即与强盗展开格斗。警卫一把抓住强盗持木棒的手，但被强盗挣脱开，并且一棒将他打昏。不过警卫还记得他在昏过去之前，撕破了强盗拿木棒胳膊一侧的西装上面的口袋。

不久，捉到3名嫌疑人。A警官由其中一名嫌疑人的特征，断定对方就是强盗。

到底这名嫌疑人的特征是什么呢？

强盗是左撇子。

西装上面的口袋都在左侧，强盗左手拿木棒与人搏斗，显然他是左撇子。

喜鹊真的那么聪明？

有一天，一位日本富翁在东京城外别墅里举行宴会，那栋别墅里绿树成荫，百鸟齐鸣。客人们在那里一边谈天说地一边品尝着美味佳肴，个个显得十分高兴。

这时候一位女宾在去洗手间洗手时，把钻石戒指放在外间靠窗的桌子上，再出来时，发现钻石戒指不见了。

洗手间在3楼，门是关着的，别墅中的仆人都忠实可靠，何况失窃之前也没有一个仆人上过楼。再说窗子外面也没有梯子，难道小偷是从天上飞下来的？

富翁为此事很生气，他认为这事又一次丢了他的面子。在他的别墅里，因为已经第三次发生这样的事了。他非查个水落石出不可，就拿起电话准备报警。

这时候，宾客里面走出一位名叫山田吉木的中年人，他是位动物学家。他听那位女宾讲了事情的经过，又听富翁讲了以前发生的两起失窃案件的经过,胸有成竹地说:“先生,你别报警,这件事让我来试试吧!”

山田吉木在别墅四周转了转,他指着一棵大树上的喜鹊窝说:“找一个人爬到树上,去喜鹊窝里面查查看。”

有一位机灵瘦小的仆人很快就爬上大树。他将手伸到喜鹊窝里一摸,大声叫道:“金耳环、钻石戒指、项链,都在这儿哪!”

“这是怎么回事?”富翁问道。

山田吉木说出了一番话,富翁方如梦初醒。

那么你知道山田吉木说了什么话吗?

参考答案

山田吉木说:“有些小鸟儿,如喜鹊、松鸡等,它们喜欢闪闪发光的东西,有时候会把这些东西衔回窝里。我根据这点,怀疑是喜鹊干的。”

驾驶座

街上发生了一起车祸,一辆汽车撞伤了一个孩子并且逃跑了。警官梅森根据各种线索,当天晚上就找到了肇事嫌疑人洛克——一个身高1.9米的高个子。

这时候,洛克说:“我今天上午没用过这辆车,是我妻子用的。”洛克的妻子是位娇小玲珑的金发美人,身高不过1.5米。她向警察证实了丈夫的话。

然后,梅森说:“根据目击者提供的线索,撞人的汽车噪声很大,好像消声器坏了。”

洛克把梅森带到车库,“那咱们就去试一下吧!”打开车门,然后舒舒服服地坐在驾驶座上,发动马达,在街上转了一圈,一点噪声也没有。

梅森听后微微一笑:“别演戏了,这个新消声器是你刚刚换上的。”

那么请问，梅森是怎么做出这一判断的？

洛克的身高和他妻子相差悬殊。如果上午是他妻子开的车，那么她一定会调整驾驶座的位置，以适合自己的身高。可是，洛克却能够舒舒服服地坐在驾驶座上，这证明最后一个开车的不是他妻子。

消失的足迹

一个刚刚下过雨的夜晚，在K公园里有位身材很矮小的女子遭人杀害了，是被凶犯用刀从背后刺死的。

因为下了雨，因此地面变得十分泥泞，在地面上很清楚地留下死者的脚印和另一个男子的大脚印。由这个大脚印来判断，凶手必定是个长得十分高大的男人。

不过，令警方感到不可思议的是，在这杀人现场只留下凶手杀人后逃跑的足迹。

那么，在作案前，他是如何来到现场的呢？他肯定不是坐直升机空降下来的，而是一步步走过来的。

参考答案

说穿了并没有什么特殊的绝招。因为凶手在下雨之前，就埋伏在现场，等待被害者到达，因此来的时候没有留下足迹。

重要证据

一天，病人格林出院以后，波特来要他还钱。可是格林没有了工作，还欠了医院一大笔医药费，哪里有钱还债呢？波特就警告说："我给你3天时间，到时候再不还钱，我来烧你的房子！"

3天过去了，中午的时候，波特接到格林的电话，让他马上去拿钱。波特可高兴了，在电话里说："你这个家伙，敬酒不吃吃罚酒，一来硬的，就有钱还了。"吃过午饭，波特得意地嚼着口香糖，来到了格林的家。他按了门铃，里面传出格林的声音："是谁呀？"波特吐掉了口香糖，说："是我，波特！"

格林马上开了门，热情地倒了一杯啤酒说："喝一杯凉快凉快。"趁波特仰脖子喝的时候，格林举起啤酒瓶，狠狠地砸在波特头上，波特头一歪，就断了气。到了晚上，格林趁着天黑，把尸体抛进了河里。

格林是个好吃懒做的家伙，他原来做送奶工，可是他嫌很早就要起床，不能睡懒觉，就辞职不干了。后来他又想开出租车，向邻居波特借钱，买了一辆出租车，干了两个月。有一次，他喝得醉醺醺的，驾驶着出租车上了路，只听“哐当”一声，撞上了电线杆，车子报废了，人也送进了医院。经过医生抢救，总算捡回了一条命。

第二天，汉斯警长敲开了格林的门，说：“我们在河里发现了波特的尸体，有充分的证据，证明波特在死之前到你这里来过。”格林说：“不可能，我已经3个月没有见过他了！”汉斯哈哈大笑说：“就凭你这句话，就说明你在撒谎！”

但是波特留下了什么证据，证明他曾经来过格林家呢？

因为波特吐在格林家门口的口香糖，上面有波特的齿型和唾液。

报案的秘书

国际电子产品博览会即将在东京举办。来参加博览会的，都是世界上著名的企业家。村井探长亲自负责保卫工作。他在机场和宾馆里，派出大批警察，荷枪实弹站岗，还有很多便衣警察，在暗中保护着贵宾。

博览会开幕前的一天晚上，警察局的报警电话响了，村井探长心头一震，最担心的事情还是发生了！美国一家大公司的总经理赶来参加博览会，下午刚住进五星级大宾馆，就在卧室里被人杀害了。

村井探长赶到宾馆，在保安的带领下，来到死者的卧室。那是一间很大的套间，里面的设备和装潢非常豪华，墙壁上挂着昂贵的名画，地上铺着厚厚的土耳其驼毛地毯，很柔软，走在上面，几乎听不见脚步声。总经理倒在地毯上,后脑勺上有一个窟窿,流了很多血。桌子上有一部电话,话筒没有搁在电话机上,就扔在旁边。

这时,有一位年轻的女士走过来,哭着说:“我是总经理的秘书,一小时前,我乘飞机到东京,下了飞机以后,马上和总经理通电话,正说着呢,听到话筒里总经理大叫一声,然后听到‘扑通’的一声,好像是人倒在地上的声音,再后来,又听到一阵匆忙的脚步声,好像是罪犯逃跑的声音。我知道情况不好,马上打电话报警,然后叫了一辆出租车,刚刚赶到这里。”

村井探长低着头,在房间里来回踱步,他一会儿走过来,一会儿走过去。忽然,他停住脚步,严厉地对女秘书说:“你说的都是谎话!”

村井探长为什么说女秘书在撒谎呢?

卧室里铺了厚厚的土耳其驼毛地毯,村井探长走路的时候,听不出脚步声,可是女秘书却说,从话筒里听到凶手的脚步声,说明她是在撒谎。

自杀的悲剧

夏季的一天下午,昆虫学家法布尔正在院子里观察蚂蚁的生活,巴罗警长走了进来。他摘下帽子擦着汗说:“法布尔先生,你知道吗,格罗得先生把他那只心爱的猫头鹰杀了,并且剖开了腹部。”

警长接着说:“昨天晚上,格罗得先生家里来了一位巴黎客人,他叫巴塞德,也是位钱币收藏家,是来给格罗得先生鉴赏几枚日本古钱的。正当他们在书房互相谈论自己的珍藏品、相互鉴赏的时候,巴塞德发现带来的日本古钱丢了3枚。”

“是被人盗走了吧?”法布尔问道。“不是的,书房里只有他们二人,肯定是格罗得先生偷的,巴塞德也是这么认为的。但追问格罗得时,格罗得却当场脱光了衣服,让巴塞德随便检查。当然没有搜到钱币,在书房里面搜个遍也没有找到。”这位警长仿佛自己当时在场一样绘声绘色地说着,法布尔仍在埋头观察蚂蚁的队列。

“古钱被偷的时候,巴塞德没看见吗?”法布尔疑惑地说。

“没有,他正在用放大镜一个一个地欣赏着格罗得的收藏品,一点儿也没有察觉。不过,那期间格罗得一步也未离开自己的书房,更没开过窗

户,因此,偷去的古钱不会藏到外面去。"警长肯定地说。

"那么,当时他在干什么?"法布尔接着问道。

"据说是在鸟笼前喂猫头鹰吃肉。"警长道。

"这可麻烦了。"法布尔若有所思地说。

"那古钱究竟有多大?"法布尔先生走到警长跟前坐了下来,看上去他对这桩案件也产生了兴趣。

"长3厘米,宽2厘米,共3枚。再能吃的猫头鹰,不可能把这种东西吃进肚里吧。然而,巴塞德总觉得猫头鹰可疑,一定是它吞了古钱,主张剖腹查看,而格罗得却反问,如果杀掉还找不到古钱又怎么办?能让猫头鹰再复活吗?"警长道。

"被他这么一说,倒使巴塞德为难了,当夜也没再说什么,上二楼客房休息了。谁知今天早晨一起床,格罗得就将那只猫头鹰杀掉并剖开了腹部。可是,连古钱的影子也没见到。"警长似乎也很沮丧。

"那么,是不是深夜里换了一只猫头鹰?"法布尔更觉疑惑问道。

"不,是同一只猫头鹰。巴塞德也很精明,临睡前,为了不被格罗得调包,他悄悄地在猫头鹰身上剪短了几根羽毛,并且在今天早晨对照检查过,认定了没错。"警长说。

"如果猫头鹰没有吞食,那么,3枚古钱到底会去哪儿呢?又不能认为在猫头鹰肚子里融化,真是不可思议。巴塞德也无可奈何,最终还是报了案。因此,刚才我去格罗得的住宅勘察时,也看到了猫头鹰的尸体。先生,你对这起案件是怎么想的?"警长问法布尔。

法布尔慢慢站起身来说:"是格罗得巧妙地藏了古钱。"

"可是他藏在哪里了呢?"警长疑惑地望着法布尔问道。

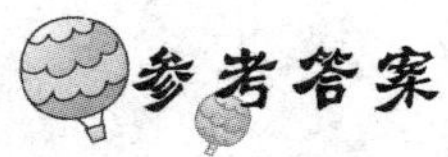

参考答案

法布尔望着警长疑惑的脸，笑道："我在采集昆虫标本时，常常发现大树底下有小鸟和老鼠的骨头，抬头一看便会发现猫头鹰的巢穴。猫头鹰抓住小鸟或老鼠后是整个吞食的，然后把消化不了的骨头吐出来。"

停顿了一会儿，法布尔又说道："格罗得在食饵肉中夹上3枚古钱喂了猫头鹰，猫头鹰是整吞的。第二天早晨，猫头鹰吐出不消化的古钱，格罗得将它们藏起来，然后再杀了猫头鹰，并剖腹检查，好证明自己的清白。"

探知凶手

一个刺探情报的罗马双面间谍R，不知被谁杀死了。他临死前，用身上的血写了一个"X"。据分析这个"X"指的是杀死他的人。而杀死他的人是这3个间谍中的一个。

提示：L间谍UP3号，A间谍NW12号，B间谍WY7号

你知道是谁吗？

参考答案

双面间谍R出身罗马在文中被特别强调出来。

一提到"出身罗马"，就要想到X不仅只是一个字母，还是一个罗马数字的10。由此3人编号推测R肯定是要写大于等于10的数字，但没写完就断了气。Ⅻ是12号，因此杀死R的人肯定是A间谍。

愚蠢的助手

著名的珠宝收藏家杰西公爵的遗孀有一颗重达60克拉的大钻石。大盗卢卡斯对这颗稀世珍宝已经觊觎很久了,而且策划了一个周密的盗窃方案。但到了行动的日子,卢卡斯却因病卧床,于是他把自己的两名助手叫了过来,告诉他们那颗钻石就藏在公爵夫人卧室的秘密保险柜里,命令他俩去偷。

“保险柜上有个非常复杂的密码锁,要是我去的话定会将锁打开,可对你们来说就不那么好对付了。所以不管用什么方法,只要打开保险柜的门就行。现在公爵夫人外出旅行了,如今那是一座空房子。”卢卡斯为助手打气。

两个助手向卢卡斯保证,一定完成任务,然后带着氧气切割机和高压氧气瓶溜进了那所房子。在卧室墙上的一幅油画的后面发现了保险柜。它虽然很小,却是钢质的,又镶嵌在墙壁上,所以将保险柜搬走是绝对不可能了。

于是两人操起氧气切割机干了起来。灼热的火焰很快将保险柜的门烧红了一大块,不久就像糖稀一样开始熔化。才一小会儿,保险柜门就被切割出一个大洞。其中一个助手顺着洞往柜里一看,里面什么也没有,只有一小堆的灰。

“真怪,根本就没有什么钻石啊。”

另一个助手也非常的吃惊,套上耐火手套伸进去一摸,里面果然是空的。两人像泄了气的皮球一样回到卢卡斯那里。

“什么,你们说什么?没有钻石?你们俩究竟怎么打开保险柜的?”卢卡斯追问道。“我们用的是氧气切割机,用它没什么大动静。”

“真是蠢货!再大的声响也不要紧呀,那是一座空房,为什么不用电钻?”卢卡斯痛骂两个助手。

助手们在哪个环节出了错?

参考答案

其实保险柜里的那一小堆灰就是他们原本要盗走的钻石。钻石是地球上最坚硬的物质之一,但其成分是碳元素的纯结晶体,如果温度超过850℃就会燃烧。氧气切割机火焰温度高达2000℃,钻石当然会化为灰烬。

思维小故事

眼镜镜片哪里去了

某体育明星家里被盗,A警官很快赶到现场。

房间的地上到处都是玻璃碎片,柜的玻璃门被窃贼打个粉碎,撒在地板上。

“你丢失了什么东西?”A警官问。

“只被偷走一个国际比赛得的金杯。但不知道为什么小偷把玻璃打碎并撒了满地。”

A警官蹲下去察看是否有什么蛛丝马迹,结果没有任何发现。

这时巡逻警察抓到3个可疑的人,带给A警官。

当A警官发现其中一人近视得很厉害,脸上有戴眼镜的痕迹,但却没戴眼镜,突然明白地上为什么到处都是玻璃碎片了。

究竟是为什么呢?

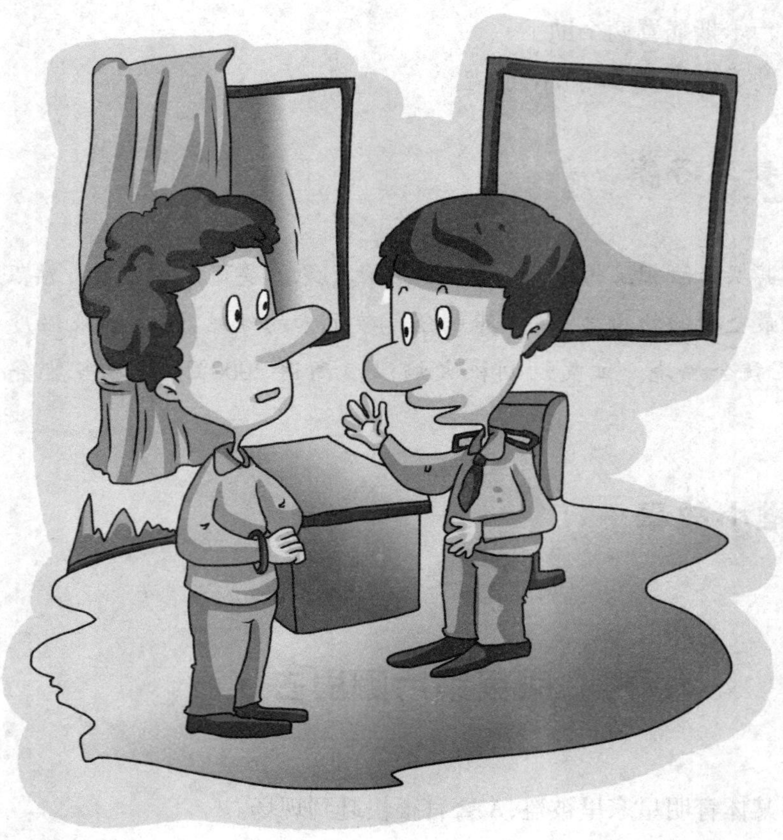

参考答案

小偷在偷东西时,不小心碰碎了自己的眼镜镜片。为了消灭证据,他把书柜的玻璃门打碎,用来隐藏他破碎的眼镜片。

靠苹果破案

雷吉探长接到了某集团公司研发部部长的报案电话。部长说他刚接到一个恐吓电话,要他把一份绝密文件交出来,否则就要杀掉他。他请探长晚上 7 点到他家,详细研究对策。

晚上 7 点,探长按响了部长家的门铃,却迟迟没有回音。他顺手拧了一下门把手,发现门没锁。探长进屋一看,只见部长趴在沙发前的地板上,旁边扔着一块散发着麻醉药味的手帕。这时,部长慢慢地睁开了双眼,本能地摸了摸自己的口袋,失声叫了出来:"完了,那份绝密文件被人给抢走了!"

雷吉探长一听,忙问:"你知道是什么人?什么时候?"

部长看了看手表,说:"大概在 30 分钟前,我正边看电视边吃苹果时,听到门铃响了,我还以为是你来了。不料我刚把开门打开,两个男人拿枪顶着我,问我要这份密件。我佯装不知,他们随即用手帕捂住了我的嘴和鼻子,之后我就什么都不知道了。"

正如部长说的那样,在电视机下面有部长吃了一半的苹果。雷吉捡起那半个苹果,瞧了瞧颜色,被咬过的苹果露出白白的果肉,于是他对着部长说:"部长,好像事实不是你说的那样啊,他们没抢你的绝密文件,而是你主动把绝密文件卖给他们的吧?"

部长非常吃惊地说:"我?你不要血口喷人!"

"请你不要继续演戏了,案犯根本就是你自己!"雷吉探长把手中的苹果扔在部长面前。部长一看,脸色变得灰白,非常无奈地把藏在衣柜中的巨额现款交了出来。

雷吉探长是怎样识破部长的诡计呢?

参考答案

其实那半个苹果就是证据。在苹果表皮的细胞里含有一种醇素。平时,它被细胞膜严密地包裹着,不与空气接触,但是一旦细胞膜破了,只要醇素与空气一接触就会发生氧化作用,导致苹果果肉变色。暴露在空气中30分钟的苹果果肉一定会变色。

因冰暴露

加内特站在走廊上，来回踱步，心情犹豫不定，过了一会儿，他好像下了决心。加内特戴上他事先准备好的白手套打开一扇橡木房门，悄悄地溜了进去。

这是加内特的老板的办公室。由于经常出入这里，他可以打开办公桌的每个抽屉，他从一个棕色皮包中找出钥匙，然后把书橱移开，输入了一串密码，再用钥匙打开了隐蔽的保险箱。

确定四周没人之后，加内特小心翼翼地从保险箱中取出一个黑色的小盒，把里面的三颗钻石揣进自己的上衣口袋，然后迅速地把一切恢复原状。最后，加内特仔细检查了一遍，确认没有留下任何痕迹后，便一路小跑地回自己家里去了。

加内特一回家，就开始找寻能够隐藏钻石的安全场所。最后，他打开了冰箱，取出制冰盒，在里面放满了水，然后再把钻石放在第一格里，最后又把制冰盒放回了冰箱。等制冰盒里的水结冰之后，钻石就不容易被人找到了。

做完这一切，加内特长舒一口气。他洗了个澡，然后便倒在床上开始睡觉。直到晚上7点，加内特被敲门声惊醒。

进来的是公司的老板。他非常和蔼地对加内特说："孩子，今天下午我们都找不到你，你去哪儿了？"加内特用一只胳膊支起身体，满脸困倦地说道："我今天头疼，整个下午都在房间里睡觉呢。"

老板继续说道："我放在保险箱里的钻石被人偷走了。但是知道我保险箱密码的人不多，你有什么线索吗？"加内特的心跳顿时加快了起来。当他看到老板目不转睛地盯住了冰箱时，胸口好像被大锤击中了一样，又闷又痛。

“我想想……”加内特不动声色地站起来倒了两杯可乐，然后打开冰箱取出了制冰盒，把第一个格子里的冰块放在自己杯子里，又挑了一块冰块放在他老板的杯子里，故作很无奈地说：“我实在是想不到什么有价值的线索啊！”

他把可乐递给老板，老板放下了可乐，盯着加内特说道：“把你那杯可乐给我吧！”加内特顿时大惊失色，他本来想用黑色的可乐来掩饰，可没想到老板一眼就看出了破绽。

加内特的破绽是什么？

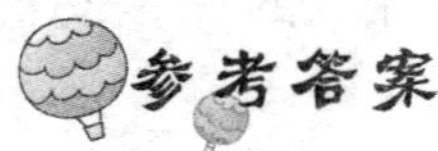

参考答案

正常的冰块会浮在可乐上面，而有钻石的冰块则因为重量原因，一下子就沉入可乐杯底。老板正是发现了这一点，才确定加内特就是偷窃钻石的人。

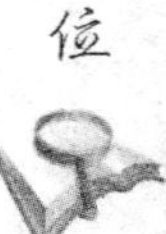

碘酒变蓝

苏尔珠宝行有着悠久的历史。有一天，珠宝行来了3个客人，一位是鞋店的老板，一位是服装店的老板，还有一位是著名的老教授。他们都想看看那颗名贵的蓝宝石。珠宝店老板哈文让三位客人进了贵宾室，从架子上取下一只深紫色的檀木箱，小心翼翼地取出了蓝宝石。拿着蓝宝石，哈文得意地说：“怎么样？这在全世界也是绝无仅有的珍宝呀！”三位客人紧盯着那颗蓝宝石，赞不绝口。

老教授问：“您可以详细地给我们讲讲这颗蓝宝石的来历吗？”

哈文点点头，把蓝宝石放回箱里，盖好箱盖，然后用一张涂满糨糊的纸条把箱子封好，接着把客人引到客厅。哈文在讲述蓝宝石的来历时，无意间发现一件很奇怪的事情，那就是三位客人的右手上都有一个伤口，而且还都涂抹着碘酒。

谈话间，三位客人都在不同时间出去上了一次厕所。过了一会儿，哈文的好朋友比斯利探长来访，他也想看看蓝宝石。哈文就让先来的三位客人在客厅里稍坐一会儿，自己领着探长来到贵宾室。

哈文撕下那张还未干透的白纸封条，打开檀木箱一看，顿时惊呆了——檀木箱里的蓝宝石不见了！他沮丧地说："半小时前蓝宝石还在檀木箱里呢！对了，那3个客人刚才都离开客厅上过厕所，也只有这段时间里他们才可能进入贵宾室……"哈文还告诉比斯利，这3个人的右手都抹着碘酒。

哈文来到客厅，把蓝宝石被盗的消息告诉了三位客人。探长在一旁观察他们三人的表情变化。蓦然，探长发现老教授右手上的碘酒变蓝了，他马上抓住老教授的右手说："就是你盗窃了蓝宝石，快交出来吧！"

比斯利探长是怎样看出蓝宝石是被老教授盗走的呢？

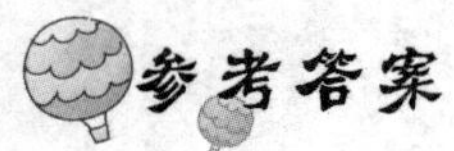

老教授在揭开封条的时候不小心碰到了上面的糨糊，而碘酒碰到糨糊会发生化学反应，就会变成蓝色。所以，是老教授偷了那颗蓝宝石。

细心观察

韦德博士受警察局长雷阿伦委托，协助警方调查一起无名的死尸案。

原来，这具无名尸体是从F镇旁一口水塘中打捞上来的，尸体已经腐烂了，无法辨认。当时正值盛夏，警察局长只好把尸体送到火葬场火化了，留下的仅有几张照片和简单的验尸记录。随同尸体打捞出来的物品表明了死者是一位本地人。

韦德博士仔细地观察照片，发现这具男尸的骨头上有一些明显的黑色斑块。他问警察局长："附近有没有冶炼工厂？"得到局长的肯定回答后，韦德博士非常果断地说："局长先生，您派人去冶炼厂所在的地区去调查。死者生前非常有可能是那种工厂的工人。"

警察局长按照韦德博士的指点，果然在某炼铅厂查到了无名尸的姓名、身份，并以此为线索迅速破了案。

参考答案

其实死者骨骼上的黑斑是硫化铅的痕迹，证明死者在生前接触过大量含铅的尘毒。侵入体内的铅会形成难溶的磷酸铅沉积于骨骼中。由于这具无名尸体沉泡在塘底，塘泥与尸体腐败后产生的硫化氢气体与骨骼中的铅发生了化学反应，就生成了硫化铅。

韦德博士就是据此断定死者可能是重金属冶炼厂的操作工人。

思维小故事

狗是什么时候死的

一天，明明发现排水沟里有件奇怪的东西。

走近一看，不禁惊叫起来：

"啊，原来是只死狗。"

小华和阿林听到喊声跑了过来。看到水流很急的排水沟中的死狗身

上有一道很长的伤口,并且上面还沾满了血迹。

“谁这么残忍？这条狗大概死了有几天了。”阿林说。

小华马上反驳说:

“不会,这条狗被人杀死不久。”

小华怎么知道狗不是几天前被扔到排水沟的呢?

参考答案

因为在水流很急的排水沟里的死狗,如果是几天前扔来的,身体上不可能还沾着血,血迹早就被水给冲没了。

逃犯的血迹

一天下午，探长比尔和刑警们在森林公路中段截获了一辆走私微型冲锋枪的卡车。经过一场激烈的搏斗，4 名黑社会成员中有 3 名被当场擒获，而那名走私军火的首犯被击中左腿，首犯逃入了密林深处。

比尔探长立即命令刑警押送被擒案犯前往市警署，自己带领助手深入密林追捕首犯。

进入密林后，两人沿着点点血迹展开了仔细的搜捕。突然，从不远处传来沉闷的猎枪射击声和一阵忽隐忽现的动物奔跑声。看来，这只动物受伤了。果然，当比尔和助手持枪赶到一个较宽敞的三岔路口时，一行血迹竟然变成了两行，还是左右分道而去。显然，逃犯和动物"分道扬镳"了。

到底哪一行才是逃犯的血迹呢？助手很苦恼，但比尔探长却用了一个简单的方法，鉴别出了逃犯的血迹，最终将那个逃犯擒获了。

比尔探长是用什么方法鉴别出了逃犯的血迹的呢？

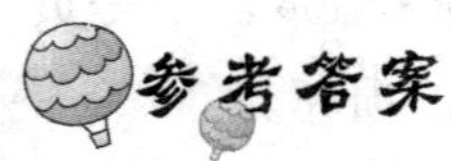

参考答案

人体血液中盐的含量是远远超过动物血液中盐的含量。比尔是用他敏感的舌尖尝了一下两种血的味道，才鉴别出了逃犯的血迹。

放小岩石

两名园艺师正在公园中的一个小庭院工作。庭院中有一个重达十几吨的大岩石,还有两个一百多千克的小岩石。现在两名园艺师需要把那十几吨的大岩石放在两个小岩石上。但是他们根本没有吊车之类的工具帮忙。你能帮他们想一个办法解决这事吗?

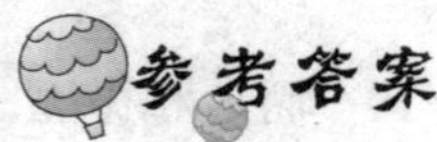

只要在大岩石的下方土地上找两个合适的地方挖两个坑,然后再把两个小岩石分别放进坑里,这样出来的效果就如同将大岩石放在两个小岩石上一样了。

透明的包装

一家玻璃厂专门生产高档的玻璃。生产出来的玻璃会直接运到售货点,但在运送时,常常会有损坏的现象。这给玻璃厂造成了许多不必要的损失。负责人检查过运输时的包装,可以说已经做得非常到位了,而且外包装的纸盒上也印有“小心轻放”和“易碎品”等几个提示字。经过调查发现损坏玻璃主要是因为搬运工在装卸玻璃时不注意轻拿轻放。于是负责人针对此原因设计出一种新的包装,果然减少了玻璃的损坏。

你知道这新的包装是怎样的吗?

改成用透明的塑料包装盒来包装。这样搬运工看到里面的玻璃自然就会倍加小心,因为如果自己弄坏了玻璃就很容易被人看到,而被罚钱。

聪明的考生

某部队要招收一名侦察员。为了找到最合适的人选,他们设计了一个非常特殊的考试。考试的方法是:凡是参加报考的人都会被关在一间条件较好的房间里,而且每天有人按时送水送饭,门口有专人看守。谁先从房间里出去,谁就能被录取。

报名的人很多,大家都一个个被关在房间里,每个人都想出了各种借口对守门人说要出去。有人说头疼要去医院,守门人请医生来了;还有人说母亲病重,要回去照顾,守门人用电话联系其母亲但母亲却正在上班。其他的人也提了不少理由,但守门人都通过各种办法拒绝他们出去。最后有个人对守门人说了一句话,守门人就放他出去了。而这个人也就被成功地录取了。

你知道这个人说了一句什么话吗?

他说:“这次我不考了!”守门人只好放他出去了。

唐伯虎学作画

江南四大才子之首的唐伯虎,在少年时期就爱画些山水人物之类,且画得有模有样。母亲见儿子在这方面有些天赋,便要他拜大画家沈周为师以得到专业训练,达到更高的境界。母亲替唐伯虎把行李打好包就让他上路了。

唐伯虎找到沈周后，说明了他的来意，大画家见小唐伯虎俊逸清秀、聪明伶俐，便收下这个徒弟。唐伯虎认真刻苦学了一年之后，感觉自己画得已经不错了，于是偷偷把自己的画与师傅的作品比了比，他感到确实不相上下，便不愿意再学下去了，向老师提出要回家“孝敬母亲”。

沈周看出了唐伯虎的自满情绪，便想要教育一下徒弟。他就叫妻子做了几样菜，端进东厢一间小屋里。师徒二人坐下，边饮酒边谈话。沈周关心地问道：“学画一年，想念老娘是吗?”唐伯虎连连称是。沈周继续说：“你的画本来就不错，现在又学了一年，想来是可以出师了。”唐伯虎见老师如此的通情达理，便忙拱手施礼：“感谢老师大恩。”沈周笑了笑，说道：“这酒喝得为师全身发热，你帮为师把这屋的窗子全部推开吧，凉快凉快。”“遵命。”唐伯虎应了一声，起身走到了窗前，他推了推西窗推不开，又转身推了推北窗，也未推开。唐伯虎细细一看，非常震惊，扑通一声双膝跪下：“师傅，我不想回家了，让我留下再学三年吧!”

请问，唐伯虎为什么突然改变了主意呢?

沈周见徒弟唐伯虎自满，便在本没有窗子的小屋墙上画了两个惟妙惟肖的窗子，使唐伯虎自知其实他的画技并非真的可以出师了，因此他自己又要求留下继续学习。

睿智的宰相

宋朝的时候，有位王爷年老病逝，他的两个儿子就继承了他的家产。王爷留下的王府分为东西两个院子，正好一分为二，分给兄弟俩。但是两人却都认为不公平。老大分了东院，认为西院的房屋好，家财多；老二分了西院，却疑心东院内暗财多，认为哥哥占了便宜。于是两边一直争执不休，最后吵着到了开封府那里，让府尹来判定。

然而，府尹听明两兄弟的意思后，也不知道该如何决断了。因为老大的意思觉得老二应割给老大白银5000两，双方才算公平；而依老二之意，老大应把暗财公开出来，兄弟俩均分才算合适。两边都有势力，也都有后台。那府尹公断不下，只好将这个案子呈报皇上。

皇上知道了此事，也非常头痛。俗话说，清官难断家务事，皇上不想管，但兄弟俩已闹得满城风雨，城中都知道两位皇戚为财产闹纠纷，有碍皇族名声。皇上正为此左右为难，辅政的一位宰相主动要求把这事交由他来办理。于是，皇上非常高兴地将这件案子交给他办。

那宰相一向以擅长处理棘手事件而闻名。从皇宫出来之后，他当日即在相府书房召见那两位皇戚，问询争讼缘由。兄弟俩都说对方多占了家产，分了好的宅院，得了很大的便宜。宰相说："皇上已交给我来全权处理此事了，你们两个把诉讼理由写清楚交给我。"

老大写道：老二多分了遗产，其宅院的房屋好，家财多，我分了东院吃了亏。老二写道：老大分得的东院有暗财，我分到西院吃了亏。两人写好后将讼状呈给宰相，宰相看后，笑着说道："这好办。"于是，宰相将他的公断宣布给兄弟二人，两人听后无言回答，只好依从了宰相的公断。两人也不再为家产闹来闹去了。

请问，这位宰相是如何给这兄弟二人判决的呢？

参考答案

宰相判定，老大之东院归老二，老二之西院归老大；当场就由官府监督交换，双方除身穿衣裳之外，院中财产一概不许搬动。兄弟俩一听，这样自己不但不再"吃亏"了，而且还占"大便宜"了，也不好再说什么，只好听任宰相监督交换，不再争讼。

老船工的智慧

一场山洪无情地冲毁了森林边上的小桥，连钢筋水泥做成的桥墩也被冲到下游去了。山洪过后，大家开始重建。经过各方面的研究，还是在原来的地方重新建桥才是最好的方案，而且桥墩也没有被毁坏。于是大家准备先把桥墩拖回来。

森林管理处的工作人员开来了两条大船，准备拖走在下游深水处的桥墩。工人们把绳子系在桥墩上，然后用船拉走，可是桥墩实在是太重了，而且陷在河底的泥沙中很深，船已经开到了最大的马力了，桥墩一动不动，再增加船只也不大可能。这可怎么办？大家都开始发起愁来。一个老船工望着岸边的沙子，突然想出了个办法，他号召大家再次行动起来，最终把桥墩非常顺利地拖到了目的地。

你知道这位老船工想的是什么办法吗？

老船工让工人们先把船开到岸边，装满了沙土，然后再把船给开到桥墩上方，用绳子将桥墩套牢后，再卸掉两条船上的沙土，借助水的浮力，就可以把桥墩从河底的泥沙中拔出来了，再把桥墩拖到上游就可以了。

抓住狡猾女贼

王明在北京研究生毕业后就要去南方工作了。这一天，他从北京坐火车去公司报到。不巧的是他这几天生病，喉咙很痛，所以在火车上他一点精神也没有,不想跟任何人说话,只是不停地喝水。

到了晚上旅客们大多都已入睡。王明想上厕所,便一个人去了卫生间,正当他要关住卫生间的门时,冷不防一个穿着暴露的女人也挤了进来,她迅速地反手将厕门一闩,低声说道:“把你的钱包给我,不然我就要大喊你非礼了。”

王明一时呆在那里,他被吓了一跳,但马上就开始想办法脱身。他知道在厕所这种地方,没有旁证,有口难辩,但又不想就这么让坏人得逞。身陷困境的王明紧张地啊了两声,嘶哑的嗓音遭到了那个女贼不耐烦的呵斥:“啊什么啊,你是哑巴啊?”

这句话突然提醒了王明,他灵机一动,想出一个计策,结果获得了对自己有利的证据,变被动成了主动,并把那个女贼交给了列车警察。

请问,王明使用了什么计策?

参考答案

王明只是不停地“啊,啊”叫着,指着耳朵,装成了聋哑人,表示不知道她在说什么。而那个女贼并没有就此罢休,拼命打手势,王明仍然摇头假装不理解,并拿出随身带的纸笔,递给她,示意她把意思写在上面。那女贼便真的在纸上写道:“把你的戒指和钱给我,要不然,我就喊人,说你侮辱我!”写完后,王明收回了那张纸,抓住那个女贼说:“你犯了抢劫罪,这就是证据。”

思维小故事

开车秘诀

罗尔警长快要过60岁生日了，可是看上去很年轻，50岁还不到的样子。这得归功于他的自行车。也许你不相信，这辆自行车陪伴他30多年了，还是当年巡逻时骑的呢。后来，警察巡逻开上了警车，可是罗尔警长

坚持骑自行车，他说："坐在警车里腿得不到锻炼，连路也跑不动了，怎么抓坏人？"

有一天下午，他骑着自行车在街上巡逻，一辆黄色轿车"呼"地从身边冲过，紧接着，身边传来喊叫声："他偷了我的汽车！"罗尔警长赶紧蹬车去追黄色轿车，可是，自行车的两个轮子，怎么追得上 4 个轮子的轿车呢？才追了一条马路，他就累得直喘气，眼看轿车越来越远了。

突然，他看见路边停着一辆集装箱卡车，司机正在卸货，他扔下自行车，跳上卡车，开足马力，继续追赶。

偷车贼还以为把警长甩掉了，心中暗自嘲笑：一辆破自行车，还想追我？哼，没门！忽然，他从后视镜里看见了卡车，司机就是那个老警察！他慌忙加大油门，警长紧追不舍，两辆车在公路上追逐着。

那边有一座立交桥，轿车一下子就从桥底下穿了过去，可是集装箱卡车的高度，恰恰高出立交桥底部 2 厘米，警长一个急刹车，停在立交桥前，好险啊！

罪犯看到卡车被挡住了，还回头做个怪脸；罗尔警长气得两眼冒火。他毕是老警察了，马上冷静下来，看了看轮胎，马上有了主意。

几分钟以后，集装箱卡车顺利从立交桥底下穿过，罗尔警长最终追上了罪犯。

罗尔警长用什么方法，很快就让卡车通过了立交桥底下呢？

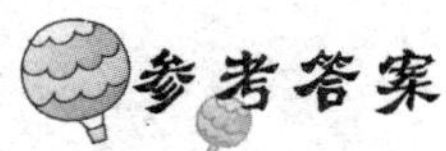

参考答案

由于罗尔警长马上打开轮胎的气门，放掉了些气，让轮胎瘪一点儿，卡车就降低了高度，能穿过立交桥了。

大水坑是这样填平的

唐朝商人裴明礼，是一个精通经商之道的人。在他居住的地区有一块空地，空地的中央是一个大水坑。这片空地的主人觉得这块地实在太无用了，把它卖掉算了。于是贴出了告示卖地。

裴明礼看到后就去找这个人，结果没费多少口舌，花了非常少的钱就买下了。当时，卖地的人心里还偷着乐，觉得这个人好傻，花钱买这么一块根本没有用的大水坑。

可是第二天，裴明礼就在这个大水坑的旁边竖起了一根非常长的木棍，木棍上吊着一个小竹筐，离插木棍不远的地方画了一条白线。旁边还贴了一张告示：凡是在白线之外用石块或砖头击中这个竹筐的，一次就可以得到赏金100文。

路过的人看到后，都觉得非常好奇，世上竟有这么便宜的事情，大家都想试一试。于是，大人、小孩都争先恐后地拥到这个大水坑的旁边，从远处找来石块、砖头不停地投那个小竹筐。但是，由于这根木棍太高了，竹筐子又很小，能够击中这只竹筐的人非常的少。

你知道为什么裴明礼要这样做吗？

裴明礼这样做的目的是借他人之力填坑，他借他人之力很快地就把这个大水坑给填平了。这样就能在上面建牛圈、羊圈，租给来往贩卖牛羊的商人们使用了，以此赚钱。

聪明的大臣

很久以前，在一个古老的国家里，人们都不穿鞋子，因为还没有制作出鞋子来。所以国王也像大家一样光着脚走路。但有一个大臣为了讨好国王，将所有的房间都铺上了牛皮，国王走在上面的时候，感到十分舒服。于是国王就把所有大臣们召集过来商议，能否将全国所有的土地全部铺上牛皮。大臣们听了，觉得这简直是不可能的事！到哪儿去找这么多的牛皮！即使有足够多的牛皮，也无法把国王要走的路全部铺满呀。大臣们全都慌了，他们抓耳挠腮，一筹莫展。这时，那个讨好国王的大臣想出了一个好主意，他跟国王说他有办法让国王走到哪里都感觉像走在牛皮上一样舒服，而且还不需要将全国所有的土地全部铺上牛皮。

那么，你知道那位大臣想出的是什么办法吗？

参考答案

这事可以反过来想，只要将牛皮包在国王的脚上，走到哪儿就都如踩在牛皮上一样舒服了。

史密斯拼世界地图

一个星期日的早晨，牧师正在准备他的第二天的演讲。可是由于妻子出去买东西了，他的小儿子史密斯吵闹不休，让他感到很烦躁。后来这位牧师干脆停下手头的工作，无聊地拾起一本旧杂志，一页一页地翻着。其中有一页是一个明星头像的特写，而翻过来，背面是一幅色彩鲜艳的世界地图。

此时，他的小儿子还在那里大声地闹着，于是牧师就把杂志上的世界地图撕下来，并把它撕成了碎片，丢在客厅的地板上，说道："小史密斯，如果你能拼拢这些碎片，我就给你 2 美元。"牧师以为这样就能让这个吵闹的小家伙安静下来了，因为他觉得这件事起码会使史密斯花费一上午时间。但是没过 10 分钟，小史密斯就来敲他的房门。牧师惊愕地看着史密斯，没想到他会如此之快地拼好了一幅世界地图。"孩子，你怎么把这件事做得这样快？"牧师问道。"啊，因为我有一个很容易的办法。"小史密斯机灵地答道。

请问，你知道小史密斯是用了什么方法在 10 分钟内拼好那一幅世界地图的吗？

地图的另一面是一个明星的头像照片，小史密斯就把这个人的照片拼到一起，然后把它翻过来，就成一幅完整的地图了。

偷瓜贼

一天，一个小伙子路过一块西瓜地，看着满地成熟的西瓜，而且周围还没有人，便起了贼心，跑到西瓜地里偷了两个大西瓜。当他抱着往回走时，突然西瓜地的主人过来了。那小伙子赶忙把西瓜放到地下，恰巧在这时也有个抱着孩子的女人从他们身边路过。于是，那个偷瓜贼污蔑道："这个女人刚偷了你的瓜，被我发现了，我便把西瓜给抢了过来。"而那西瓜地的主人也确实没有看到是谁偷摘了瓜。

你能帮西瓜地主人判断是谁偷的瓜吗？

参考答案

可以让那小伙子抱着两个瓜然后再抱一个孩子试试，如果他都无法同时抱起，那就证明那个抱孩子的女人根本无法偷瓜，也就是说他在撒谎。

测量灯泡容积

有一天，正在实验室里工作的艾弗森教授，需要知道灯泡的容积，但是手头的工作太多，他便将一个没有上灯头的灯泡交给了他的助手格林。格林是数学系的一位高才生，对他来说，这个工作应该是非常容易的事情。他接过教授给的灯泡，就去了另一个房间，开始认真地进行测量演算。

可过了很久，艾弗森把手头上的工作都做完了，还没见到格林的计算结果，便亲自去找他。而这时格林还在忙着计算，桌上演算的草纸已经放了很多。

艾弗森教授站在一边，不满地问道："你还要多久才能得到结果？"

格林赶忙回答："快了，教授，马上就算出来了。"

艾弗森这才看明白，原来格林是用软尺测量了灯泡的周长、倾斜度以后，正在用复杂的公式进行计算。

艾弗森摇摇头，拍了拍他的肩膀说："你别忙了，小伙子，看我来算。"只见教授拿起那只空灯泡，用了一种简单的方法，仅仅 1 分钟就得出了灯泡容量的数据。

你知道艾弗森教授采用了什么方法吗？

灯泡还没有上灯口，可以先向灯泡里注满水，然后把水倒在量杯里面，即可知道它的容量。

丁渭修复皇宫的良策

北宋宋真宗年间，一天夜里京城汴梁起了大火，皇宫的大部分都被烧成了灰烬。大火扑灭之后，皇帝就命令大臣丁渭迅速组织人手修复皇宫。

在当时的条件下，要进行这么浩大的工程有非常多的困难。首先取土就非常困难，皇宫在城中心，而取土要到郊区，路途遥远，运输非常不方便。与此同时，还要运输各种修建皇宫所需的建筑材料，原来皇宫废墟上的垃圾杂物也需要清理运走，再加上皇帝给丁渭重建皇宫的时间又特别的短，这诸多的困难让他感到真是难上加难。

然而丁渭不着急马上开工，经过一系列的调查和缜密的计划后，他在很短的期限内非常出色地完成了任务！而且一举三得，不仅解决了运输困难的问题，还在很大程度上节省了经费和时间。

你知道丁渭是怎样做的吗？

首先，他让人挖开皇宫前面的大街，使这条大街变成了一条大沟；接着，把汴河的水引入到大沟之内，使之成为临时河道，方便地解决了运输问题。皇宫修复以后，把沟里的水排出，将原来皇宫废墟上的杂物垃圾填入沟中，重新整为平地，恢复大街原貌。

玻璃展柜的设计者

一个规模颇大的珠宝展在国际商贸大厅举行，其中最引人注目的是一粒巨大的钻石，价值超过千万元。

为了防止这粒钻石被人偷去，珠宝商特邀一家防盗公司设计制作了展柜，上有防盗玻璃，可以抵御重锤乃至子弹袭击，不会破裂。同时在会场中还有防盗设施如摄像探头等。

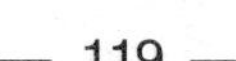

一天,来珠宝展参观的人很多,一个男子迅速地走到了玻璃柜前,用一个重锤向柜子一击,玻璃竟然破裂,男子抢去钻石,乘乱逃去。

警方事后到现场调查,发现玻璃的确是防盗玻璃,而摄像头则刚好只拍到盗贼的手,看不见他的真面目。

那么到底谁是盗贼,又用什么方法打破了防盗玻璃呢?警方根据防盗玻璃的特性,很快捉到了盗贼。你能找出谁是盗贼吗?为什么?

从以上的描述可知,防盗玻璃整体是难以毁坏的,但如果玻璃上有个小小的缺陷,用锤在那里一击,防盗玻璃就会破碎。所以知道这个破绽的人,只有设计制造防盗玻璃柜的那个人。

土　豆

17 世纪中叶,土豆在法国还鲜为人知,并没有得到什么推广。因为人们对种植土豆怀有很强的戒心,大家当时都把土豆称为“鬼苹果”,认为土豆对人的健康十分有害。而且很多农民都觉得种植土豆,会使他们的土壤变得非常贫瘠。

农学家安瑞·帕耳曼切先生去英国品尝到那里的炸土豆片以后,觉得非常好吃,根本就不是大家说的什么“鬼苹果”。于是,他决心在自己的国家里推广土豆种植。但是,人们的观念是很难转变的。他花了很长时间也没能说服任何人。

帕耳曼切想了个办法,去找国王。他向国王索要一块出了名的贫瘠的土地。国王奇怪地问他要这样的土地做什么用,他说:“我做试验用。”

拿到土地之后,他就在这块试验田里栽培起土豆来。为了可以使土豆更快地引起大家注意，他又使出了一个小的花招。他再一次来到王宫里，向国王提出了一个请求："尊敬的陛下，"帕尔曼切很诚恳地说，"我在那块土地上已经种下了'鬼苹果'，但是只是为了进行试验。我怕有人来偷了这个东西吃下去了，会引起不好的后果，所以，我请求陛下派一支卫队去守护这块土地。"

国王确实也怕出什么事故，于是马上答应了他的请求。

帕耳曼切当然知道，吃了所谓的"鬼苹果"是根本不会有什么问题的，但是他为什么还要请求国王派一支卫队去守护"鬼苹果"呢？

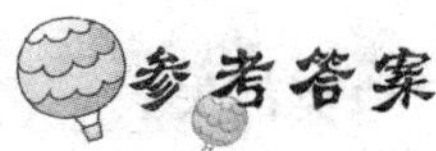

参考答案

其实帕耳曼切先生请求国王派一支卫队去守护"鬼苹果"的真实意图，是将土豆的种植逐渐推广开去。他让全副武装的卫队站在地边看守试验田里的土豆，这种异常的举动，必然会引起周围人们强烈的好奇心，这样大家都想知道那块土地上究竟种的是什么。当夜幕降临的时候，一些胆大的人就会潜入到这块地里偷窃，然后再种在自己的园子里，这样土豆的种植就会逐渐推广开去，最终人们就会发现，土豆没那么可怕，且味美宜食。

田产的真正主人

宋慈在担任剑州通判的时候，当地有两个兄弟为了争夺田产闹得不可开交，于是找他来评断。宋慈让他兄弟二人把事情的来龙去脉讲清楚。

哥哥说："这些田产是父亲留给我的。"

弟弟说："做人要讲良心的！这些田产分明就是父亲留给我的。父亲留给你的田产已被你自己挥霍浪费掉了，你不能来打我的主意啊！"

哥哥说："你说这些田产是你的，那你有什么凭证吗？"

弟弟委屈地道："你明明知道父亲留下的凭证在上次家里失火的时候烧掉了。"

哥哥说："这么说，你就是口说无凭了！我说田产就是父亲留给我的。"

宋慈听了兄弟二人的辩解，心中已经明白了几分，可因为缺乏证据而难以决断。他眉头一皱，想出一个办法来，便将兄弟俩的亲戚和邻居叫来询问："你们看，那些田产值多少钱？"

亲戚和邻居们经过商量，回答道："大约值800贯吧。"

宋慈说："你们两个听好了，你们兄弟俩各自保存的地契都失去了，口说无凭，所以我也不能草率裁决。这样吧，把田产估价为600贯，你们兄弟俩各自写一张卖契，我给你们找一个买主，卖掉后，你们平分，各得300贯，好不好？"

800贯的田产，宋通判仅卖600贯，你知道他为什么要这样做吗？

参考答案

宋慈这样做，其实只是设了一个圈套，目的是试探到底谁是田产的主人。那个当哥哥的因贱卖的不是自己的田，又能白得300贯，所以就高高兴兴拿起笔签了卖契，而弟弟因为是田产主人，迟迟不落笔。宋慈催促他赶快写，他就回答道："父亲留给我的田产，我怎么舍得就这么贱卖出去，那样不就成了败家子吗？"这样一比较，就真相大白了。

哪个多

实验室里，老师找来了两个一模一样的瓶子，然后在一个瓶子里倒入牛奶,另一个瓶子装上等量的水。现在用量具从第一个瓶子中取出一定量的牛奶,将其倒入第二个装水的瓶子中,充分地搅拌均匀后,再用这个量具从第二个瓶子中取等量的混合液,倒回第一个瓶子中。那么这时是牛奶中的水多呢,还是水中的牛奶多呢?

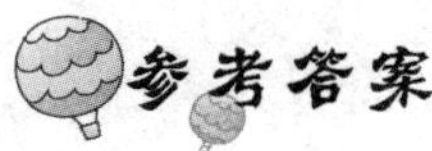

答案是一样多。第二次取出的水,因为它和第一次取出的体积相等,都设为 a。假设这混合液中牛奶所占体积为 b,那么倒入第一杯牛奶的水的体积就是 $a-b$。第一次倒入水的牛奶为 a,第二次舀出 b 体积牛奶,那么水里就还剩 $a-b$ 体积牛奶。所以牛奶杯里的水和水杯里的牛奶是一样多的。

理　发

古希腊哲学家柏拉图在 28 ~ 40 岁时都在海外漫游。有一天他来到西西里岛一个镇上小住。由于头发有些长了,柏拉图想要去找个理发馆把头发剪一下。然而这个小镇只有两家理发馆,分别是由两位理发师开的。于是柏拉图来到了两家理发馆前,他吃惊地发现,其实这两家理发馆可谓天壤之别:一家窗明几净,理发师本人仪表整洁,尤其是发型大方得体;而另一家则是又脏又乱,理发师也不修边幅,头发乱糟糟的。

柏拉图观察了这两家理发馆后,决定走进那家脏理发馆,找不修边幅的那位理发师理发。柏拉图为什么不选择那家环境干净些的理发馆呢?

参考答案

因为这里只有两个理发师，那干净理发馆理发师的头发肯定是那位脏理发馆理发师理的了，显然他的手艺很不错。

巧解保险箱

这天，钱八被人发现死在家中；他的保险柜被打开，里面的钱全被抢走了。

A 市的人全都知道富翁钱八是一个出名的守财奴，即使是他的妻子儿女，也别想从他那里多取一分一毫。

令人惊讶的是，凶手的杀人手段非常残酷，竟然将钱八的肚子割开，取走了他的胃。

迹象表明这不过是一桩普通的抢劫案，不是仇杀，但凶手为什么如此残忍呢？警方实在猜不透凶手的动机。

但其中一名聪明的警察却猜透了其中原因。所以钱八被取走了胃，完全和他的性格有关系，那到底是什么原因呢？

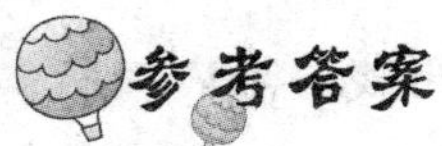

主要原因是钱八为保住保险柜里面的钞票，将钥匙吞入肚里面，凶手将钱八的腹部剖开，然后从胃里取出钥匙，打开保险柜取走了钱。为了不留下线索，他连胃也一并带走。

穿　孔

大妞、小妞姐妹两个在玩游戏。大妞拿出一张纸，上面有一个大小和 2 分钱的硬币正好相同的孔，她给小妞一个 2 分钱的硬币，小妞很容易就把硬币从孔里穿了过来。接着大妞又拿出一枚 5 分钱的硬币给小妞，让她依然把硬币从这个孔中穿过去，而且还不能把纸弄破。聪明的小妞想了想果然做到了这些。

你知道她用了什么办法让 5 分钱的硬币穿过去的吗？

参考答案

纸是软的，可以先把纸折弯，然后向两边拉伸，使中间的孔由圆形成为椭圆形，在这种情况下，5 分钱的硬币就可以顺利地钻过去了。

火柴上有硬币

将一根火柴棒折成“V”字形，但是不要完全折断。再找一个广口瓶，将折成“V”字的火柴搭在瓶口上，然后再取一枚比瓶口小一点的硬币放在“V”字形的火柴棒上。现在，请问在不用手或其他工具接触“V”字形火柴棒和硬币的情况下，你能够用什么办法让硬币落到瓶子里去呢？

参考答案

可以在火柴棒上滴几滴水，在火柴吸水之后，火柴弯曲处的纤维受潮后膨胀，火柴棒自然就会渐渐地伸直。这样，硬币就会自动掉进瓶子里去了。

谁是神枪手

一张 3 条腿的桌子上两两并排放着 4 个瓶子。有 3 个神枪手想比一比谁的枪法最厉害。游戏规则是，谁能用最少的子弹打倒桌上的 4 个瓶子，谁就是胜者。结果，甲用 3 枪就射倒了 4 个瓶子；乙只用了 2 枪就射倒了 4 个瓶子；最后轮到丙射击，他只用了一枪就将 4 个瓶子射倒了。那么,你知道丙是怎么用一枪射倒 4 个瓶子的吗?

他把桌子的一条腿射断了,桌子就倒了,桌上的瓶子当然全部倒了。

艺术品价值

收藏家老刘在二手市场上买了一件做工精美的铁制艺术品。他为这件艺术品支付了原价 90% 的现金。第二天,另一个收藏同行看见了老刘的这件东西,说愿意支付高出原价 25% 的费用将其买下。老刘毫不犹豫地答应了,这样,他就从这笔交易中赚了 105 元。那么你能推算出这件艺术品的原价值是多少吗?

90% 的原价价值与 125% 原价之间差了 35%。而 35% 相当于 105 元,所以 1% 就是 3 元。因此,原价就等于 300 元。

思维小故事

吓人的水龙头

有一个官员 E 在他寓所的洗手间里心脏病发作突然死亡。那一天,

他是伏在洗手盆上死去的，当时水龙头还开着，估计他在洗脸时猝然病发，因家中无人及时抢救，导致死亡。

可 R 警长并不认为事情如此简单，因官员 E 的私家医生说 E 曾于死前两天去看过医生，检查结果是心脏病有所好转，除非是受到突然惊吓，比如见到大面积血迹，才可能发作。因为 E 一向对红色的血过敏。警方觉得 E 的死有很大疑点，然而到处观察，又没有发现 E 可能受到什么恐吓，真是大伤脑筋！由于这位医生是治疗心脏病的权威，并且黑社会也有暗害官员 E 的风声。

这时候警长突然灵机一动，想到案犯有一种方法能使 E 看到血迹，使 E 受惊吓而死，在现场又不留下痕迹。

那么请你想想，案犯是用什么方法恐吓官员 E 的呢？

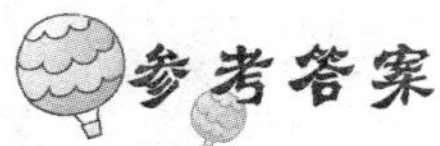

因为打开的水龙头对警长是一个启发。当官员 E 要洗脸时,他拧开水龙头,看到里面流出的不是水,而是像血一样的红色液体——因为他一向怕见血,心脏病又很严重,受不住刺激而死去。等家里人发现 E 死去时,人造血已经流尽了,水龙头流出的只是清水了。

硬　币

一个有着心理疾病的小偷去别人家偷东西时,还偷走了孩子们的存钱罐。这存钱罐里有 125 枚硬币,一共有 70 元,其中没有 1 角和 1 分的硬币。你是否能判断出,他偷走硬币的面值各是多少吗?

这个小偷偷走了 60 枚 1 元的硬币;15 枚 5 角硬币以及 50 枚 5 分硬币。

"新家"

自然博物馆里今天迎来了一个"新住户"长角蜥蜴。工作人员特意把它放在爬行动物观赏大厅新建的一个圆形窝里。这只蜥蜴刚被放进去,它就从门口开始"考察"它的领地。它先向西北直线爬行了 4 米到达圆的边缘;然后,它又紧接着转身向东北爬行了 3 米,这时它到达了围栏边。你能根据这些信息,计算出它的新家的直径吗?

参考答案

直径是5米。这个蜥蜴从开始到最后的围栏边一共就停留了3个点,这3个点正好构成一个直角三角形。而这个三角形的三个顶点都在这个圆上,那么这个直角三角形的斜边就等于这个圆的直径,即5米。

玩　具

爸爸给小明买了一列玩具火车作为生日礼物,而且除了火车配备的车厢之外,爸爸又花了20元买了另外20个车厢。其中乘客车厢每个4元,货物车厢是每个0.5元,煤炭车厢每个0.25元。那么你能够计算出这几种类型的车厢各有几个吗?

参考答案

乘客车厢买了3个;货物车厢买了15个;煤炭车厢买了2个。

昆虫有多少

蜻蜓共有6条腿,2对翅膀;蜘蛛有8条腿,没有翅膀;蝉有6条腿,1对翅膀。现在有一些蜻蜓、蜘蛛和蝉,已知它们的总数是18只。共有118条腿,20对翅膀。那么,3种昆虫各有多少只呢?

参考答案

假定18只昆虫都是6条腿的蜻蜓和蝉，那么腿的总数就是6×18＝108（条）。实际上有118条腿，相差118－108＝10（条），多出的腿就是蜘蛛多出的腿，这样就求出蜘蛛有5只。从昆虫总数中减去蜘蛛的只数，得到蜻蜓和蝉共有18－5＝13只，再用和上述一样的方法可以求得，有5只蜘蛛、6只蝉。最后得到，共有7只蜻蜓、5只蜘蛛、6只蝉。

第四章　水落石出的真相

煮熟的玉米

某大厦里面突然传出男人的呼救声，然后就没有声息了。

邻居担心发生了什么事，马上通知警方；警察立即赶到现场，按门铃却没有人开门。

警察最后撞开了大门，看见屋里面的情形，都呆住了。

有一名男子昏迷在地上，他的头正流着血；他妻子旁若无人地坐在一旁啃吃煮熟的玉米。原来，这个女人是精神病患者，刚才显然是她精神病突然发作，打晕了自己的丈夫。

这种事情是用不着警察处理的。警察正要离开时，那个男子苏醒过来，第一句话就说："她是用玉米把我打伤的。"

警察被弄得莫名其妙，以为这个男子是在说笑话，然而屋里面确实没有其他硬物曾被用做袭击人的武器。难道既脆又易断的玉米真的能打伤人吗？看来，那名男子此时绝不会有兴致说笑话。

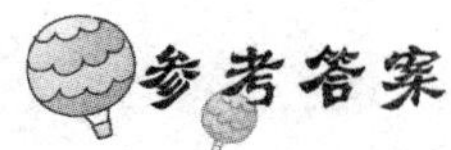

参考答案

因为煮熟的玉米放在冰箱中冻过一段时间后，就会变得特别坚硬，像棒子一样。那位患有精神病的妻子在用玉米打伤人之后，又把它热了吃。

两只鹦鹉

有一位富翁的遗孀，年龄很大，身体又差，她生性怪僻，自己一个人孤独地住在一座大宅里，陪伴着她的只有一只会说话的鹦鹉，好像她的乐趣就是教鹦鹉学习说话。

据说这位老太太的有个远房的侄女，是个很讨人喜欢的姑娘。老太太最近感到身体特别不好，就想把自己的财产都留给她。因为她没什么文化，眼睛又不大好用，就请人给侄女写了封信，嘱咐她赶快到这里来。但为了保密，信上没写保险柜的密码，只说：如果我等不到你来就死了，也没关系，我已经把一切都安排好。她会告诉你密码。她是我最可靠的朋友。

没过几天，老太太突然发病，而且不幸一命归天。她侄女赶到时，老太太已经死了。等到为老太太料理完后事，姑娘想起那封信来，但等了几天，也没人告诉她密码。不过姑娘很聪明，她向邻居们打听了老太太生活的有关情况后，最终知道应该向谁去问密码了。

参考答案

因为老太太性格怪僻，不愿与人往来，也没有亲近的朋友，因此她不会将密码告诉任何人。然而她信中却说她已经安排好了，联想到她每天都教鹦鹉说话，那么，能告诉侄女密码的只可能是鹦鹉。

满是泡沫的啤酒

张三是个有名的酒徒，总是酒后与人发生争执，因此，左邻右舍对他避而远之，亦有人对他恨之入骨。

一天早晨8时许，他被人发现倒毙在房中地上。

警方接到房东报案后，立即赶到现场。房中除了张三的尸体外，在桌上有一瓶喝了一半的啤酒和一杯满是泡沫的啤酒。

这时警察向房东录取口供。房东神情恍惚地说："今晨3时许，我正在睡梦中，似乎听见张三的房间传来争吵声，后来又传来打斗声，但我因太疲倦，也没再理会，早晨起来才发现他死了。"

警察听罢供词，再观看现场情况后，随即严厉地对房东说："你作假口供！"

在警察拿出证据后，房东最终承认，刚才向张三索要欠下的房租，二人发生争执，一时气愤而将他杀死。

那么，警察依凭什么线索，证明房东是在说谎呢？

关键就在那杯满是泡沫的啤酒上。如果张三是凌晨3时死亡，啤酒是不应该还有泡沫的。

橄榄球趣闻

星期天傍晚，史密斯先生被人谋杀了。目击者告诉警方，他们在下午5点06分时听到了3声枪响，并且看到了凶手的背影，看起来像是一个中年男人。警方经过调查，确定了3个嫌疑人。有趣的是，他们都是球队教练，其中A先生和C先生是足球教练，而B先生是橄榄球教练。

这3位教练的球队，星期天下午都参加了3点整开始的球赛。A教练的球队是在离死者住所10分钟路程的体育场上争夺"法兰西杯"；B教练的球队是在离史密斯先生家一个小时路程的球场上进行一场友谊赛，而C教练的球队是在离凶杀地点20分钟路程的体育场上参加冠军争夺赛。据了解，这3位教练在比赛结束之前都一直在赛场上指挥比赛，而且3场比赛都没有中断过。

在警察局里,3位教练回答了警长的询问。当警长问他们各自的比赛结果时,A教练回答说:“我们和对手踢成了平局,1比1,最后不得不进行点球决胜负,还好我们赢了。”B教练则叹了口气:“我们打输了,比分是6比15。”而C教练则满面喜色:“3比1,我的球队最后夺得了冠军!”

警长听后,朝其中的一位教练冷冷一笑:“请你留下来,我们再聊聊好吗?”

经过审问,这位被扣留在警察局里的教练,正是枪杀史密斯先生的罪犯。

你知道他是谁吗?

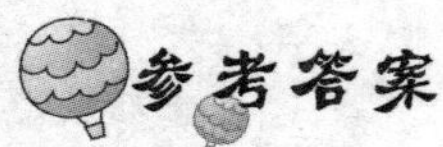

参考答案

一场橄榄球赛需要90分钟,还不包括比赛时的中间休息时间,再加上60分钟的路程时间,因此B教练在下午5点20分之前是不可能到达史密斯先生家的。而足球比赛全场比赛时间是90分钟,即使加上中间休息15分钟,这两位教练也完全有可能在案发之前到达史密斯先生家。

我们再继续分析下去:A教练的球队参加的是锦标赛,当他们与对手踢成平局时,还得进行30分钟的加时赛,最后再进行点球决胜负。即使忽略点球比赛时间,至少也要进行135分钟的比赛,再加上10分钟的路程时间,他肯定不可能在下午5点05分前到达史密斯家。

因此,只有C教练才有可能杀死史密斯先生,因为比赛时间90分钟,中间休息15分钟和路程20分钟,这样,他可以在下午5点05分,即在枪响之前1分钟到位。

思维小故事

死者真相

居住在郊区一幢住宅里面的丽娜小姐，早上被人发现死在寓所里面。

根据法医检验，死者是被人用细绳一类的东西勒死的，但找遍整个住宅，却没有发现类似的凶器。警察相信是凶手杀人后将凶器带走了。

但其中一名警察，无意中看到墙上挂着一张奖状，知道死者原来是该市竞选出的美发小姐。警察看了一眼死者又黑又长的头发，带着惋惜的

口吻说:“唉!这样一个年轻貌美的女孩,这么早就结束了生命,多可惜啊!”

忽然,这名警察大叫一声:“我知道凶器在那里了!”聪明的读者你也知道了吗?

勒毙死者的凶器,就是死者自己的长发。

凶手将一束死者的头发缠绕在她脖子上将她勒毙,再把头发弄散,消灭痕迹。

罪犯是谁

城里来了一个马戏团,大家都去看他们的表演,其中驯兽师拉特跟老虎的表演最受欢迎,他和女朋友——金发女郎梅丽也很快成了大家都很熟悉的人物了。

这天清晨,马戏团里突然传来一声尖叫,大家闻讯赶去,发现拉特俯卧在干草堆上,后腰上有一大片血迹,一根锐利的冰锥就扎在他的腰上。在他旁边,身着表演服的梅丽正捂着脸低声哭泣。

警察来到了现场。法医检查了拉特的尸体后告诉警官墨菲:“死了大约有七八个小时了。也就是说,谋杀发生在半夜。”

墨菲转过身,看了一眼梅丽,说:“请节哀。噢,对不起,你袖子上沾的是血迹吗?”

梅丽把她表演服的袖口转过来,只见上面有一道长长的血印。

“咦,”她看了一眼,“这一定是刚才在他身上蹭到的。”

墨菲问道:“你知道有谁可能杀他吗?”

“不知道……”她答道，“但也许是赌场里的鲍勃。拉特欠了他一大笔钱。”

于是墨菲找到了鲍勃。鲍勃承认拉特欠了他大约 15 000 美元，可同时发誓说他已有两天没见过拉特了。

墨菲很快就抓住了罪犯。你知道这个罪犯是谁吗？

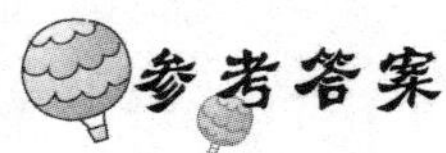

参考答案

罪犯就是梅丽。她自称血迹是“刚才在他身上蹭到的”，可那时拉特已死了七八个小时，他的血已经干了，不可能蹭到她的袖子上。

梅花鹿的角

花海公寓环境优美，路的两边是高大的梧桐树，池塘边有婀娜的垂柳，屋前屋后到处是鲜艳的花，还有绿毯子一样的大草坪。到了春天，公寓就像淹没在花的海洋里。夏天来了，吃过晚饭以后，小伙子和姑娘们，拿着录音机，来到大草坪上跳舞唱歌；年轻的爸爸妈妈们，带着活蹦乱跳的孩子，到游泳池去游泳戏水；老人们则摇着扇子，来到树阴下，聊着古老的故事。

村井探长就住在这幢公寓里，不过他常常很晚才回家，看不到这番景象。今天，他忙完了工作，已经是 11 点多了，忽然，报警电话铃响了，有个男子报案，他的妻子被人杀害了！村井探长问他的地址，真是太巧了，他就住在花海公寓 302 室，是村井的邻居。村井探长记得，男子个子不高，夫妻俩的关系似乎不太好，早上出门的时候，还听到他们在吵架。

他马上带着法医，赶到现场。经过检查，女主人是被勒死的，死亡时间是下午 2 点钟左右。男主人说：“最近我和妻子有些小矛盾，吃过午饭以后，我就一个人到公园里去散心，晚饭也没回来吃。刚才回到家里，发现妻子已经……”他伤心地说着。村井探长问：“您下午到公园去，有什么证据吗？”男子拿出一张照片说：“我心情不好，就特地在梅花鹿的前面，拍了这张照片。”村井探长一看，男子站在一只雄鹿的旁边，鹿角好像高高的树杈，显得那么威风，更加衬托出男子的矮小。

村井探长看着照片说：“你就是凶手，快说实话吧！”

村井探长根据什么说男子是凶手呢？

梅花鹿的角在夏天的时候还没有长大，只有到了秋天或者冬天，才能长得像树杈一样。男子杀害了妻子，用以前的照片欺骗探长，以造成下午不在现场的假象。

村长的办法

有一个农民在临死时立下遗嘱，将仅有的15个红薯分给他的3个儿子：大儿子可得全部的1/2，二儿子可得剩下的1/3，三儿子得其余部分。

可惜的是3个儿子一向关系不好，都十分计较，半个红薯很不好切，每个人又都一定要自己应得的一份。为了此事，3个人争执不休。

然后事情吵到村长那里去了。村长觉得那位做父亲的将红薯如此分配，是想考验3个儿子的智慧，并希望他们兄弟和好。

不到两分钟，村长就想出一个好办法，这办法可以使他们3个都得到自己的那一份，不会因分得不公平而争吵。村长是怎样分配的呢？

村长的办法是将红薯烧成红薯粥，这样则可以按应得的份来分。

圣诞节怪事

肯特在圣诞之夜请他新结识的摩西小姐到一家饭店共进晚餐。摩西小姐聪明活泼，美丽动人。肯特十分爱慕。两人聊了一阵，肯特发现摩西小姐对自己不大感兴趣，两人不久就离开了旅店。饭后，心情沮丧的他在街上闲逛，遇见了名探罗克。

罗克问他为什么心情沮丧，独自一人在街上闲逛？肯特说了宴请摩西小姐的事。罗克问他：在餐桌上同摩西小姐谈了些什么？肯特说："我向她讲了一个我亲历的惊险故事。那是去年圣诞节前一天的早上，我和海军上尉海尔丁一同赶往海军在北极的气象观测站执行一项特别任务。那是一项光荣的任务，许多人想去都争取不到的。我们在执行任务过程中，遇上了意外情况，海尔丁突然摔倒了，大腿骨折，情况十分严重。我赶紧为他包扎骨折部位。10 分钟之后，更可怕的事情发生了，我们脚下的冰层开始松动，我们开始脱离北极，随着水流向远方的大海漂去。我意识到这时我们已经前途渺茫，随时都有生命危险。特别是当时天气异常寒冷，滴水成冰，如不马上生火取暖，我们都会被冻死的，然而火柴用光了。于是我取出一个放大镜，又撕了几张纸片，放在一个铁盒子上，铁盒子里装了一些其他取暖物。我用放大镜将太阳光聚焦后点燃了纸片，再用点燃了的纸片引燃了其他取暖物。感谢上帝，火燃烧起来了，拯救了我们的生命。更幸运的是，4 小时后我们被一艘经过的快艇救了起来。人人都说我临危不惧，危急关头采取了自救措施，是个了不起的英雄。"

罗克听后大笑起来："你说谎的本事太差了！摩西小姐没有对你嗤之以鼻，就已经够礼貌的了。"肯特讲的海上遭遇有什么地方不对吗？

参考答案

在圣诞节前一天，肯特是无法利用太阳光在北极圈里面生火的。从当年10月到大约第二年3月期间，北极圈里是"极夜"，没有阳光的。

瑞香不见了

格林太太花了很多年时间种植一种名贵的灌木植物——瑞香。这种植物能开出十分美丽的花朵，而且由于非常耐旱，特别适合在当地种植。自然，这些瑞香也是格林太太最心爱的宝贝。

在这天格林太太准备外出度假一个月。让她头疼的是，她需要有人照料她的花园。后来就她决定请同事卡罗尔小姐帮帮忙。格林太太告诉卡罗尔小姐要特别当心这些名贵的瑞香。

当格林太太度假回来时，她正好看见卡罗尔小姐在花园里，旁边站着许多警察，而那些名贵的瑞香却不见了。卡罗尔告诉警察，一定是有人偷走了它们，因为头一天晚上她还看到过这些瑞香。格林太太听到卡罗尔在对警察说，这一个月里，她一直在照料这些植物，每天都给它们浇水，因此它们显得比原先更美丽了。

接着格林太太冲进花园，打断了卡罗尔小姐的话。她对警察说："卡罗尔小姐在撒谎！你们要仔细审问审问她。"

那么格林太太为什么这么肯定？

瑞香是一种只需要很少水的植物，如果水浇得太多，它就会死。卡罗尔小姐告诉警察自己每天给它们浇水，而且它们变得更美丽了，她肯定是在撒谎。

思维小故事

暗讽秦埙

南宋时的大卖国贼秦桧的孙子秦埙，是个不学无术的家伙，每天只知道吃喝玩乐，根本不懂诗书文章。

这一年春天，秦埙参加京城的会考，题目下来之后，他也不管看懂没看懂，乱写一气。主考官是秦桧的走狗，看了卷子也是紧皱眉头，哭笑不得。但他为了拍马屁，仍然建议取秦埙为状元。消息传出来，各地进京赴考的学子不服，联名上书皇帝。

皇帝为息众怒，令当时很有名气的翰林学士陈子茂给秦埙出题重考一次。秦埙答完了卷子，陈学士把卷接过来一看，不由哈哈笑起来，沉吟片刻，在卷首上写下杜甫的两句诗：

两个黄鹂鸣翠柳，

一行白鹭上青天。

皇帝看了这两句诗，心里不由暗暗叫苦；秦桧看了这两句诗，气得说不出话来，却又不便发作；告状的学子们听说这两句诗，不由得奔走相告。

亲爱的读者，让我们动动脑子，看能不能悟出陈学士巧借绝句的妙处。

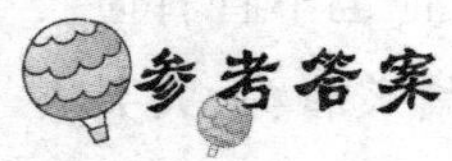

参考答案

陈学士暗讽秦埙的试卷“不知所云，离题(堤)万里”。

对　话

请看下面警官和犯罪嫌疑人的一段对话。

警官：“昨天晚上10点案发时你在哪里？”

嫌疑人：“昨天晚上我在家里。”

警官：“可是，据你的一位朋友说，当时他去找你，按了半天门铃，并没有人出来开门。”

嫌疑人:“哦,当时我使用了高功率的电炉,房间的保险丝烧断了,停了一会电,门铃当然不响……”

警官:“别再编下去了,你被捕了。”

请问这是为什么?

门铃使用的是干电池,与停电无关。

行窃者

埃默里夫人是一位宝石商人。按照规律,今年的新宝石展销会又由埃默里夫人主持操办了。

但会议一开始,就令埃默里夫人很失望。她本以为珠宝商们应该知道如何穿戴,但来的人好像都不知该如何打扮。波士顿来的罗德尼穿着一件20世纪70年代流行的衬衫。亚特兰大来的朱利穿着一身运动装,脚上穿着胶底跑鞋。杜塞尔多夫来的克劳斯的袜子竟然一只是褐色的,另一只是蓝色的。

尽管对来宾颇为失望,但埃默里夫人还是认真地向来宾介绍着展销的宝石:“我的宝石的品质跟以前一样好。请大家仔仔细细地观看,绝对没有次品。”

埃默里夫人一边介绍着,一边在心里琢磨着:今年的宝石展不像往年那样隆重,只要能把我精心准备的一块精美的绿宝石售出去就可以了。因此她特意把这块绿宝石放在一些人造蓝宝石、石榴石、鸡血石中间,希望能衬托出绿宝石的光泽。

就在她津津有味地介绍时,突然间外面的街上发生了非常强烈的撞车声，一下子把正听她讲解的人的注意力全部吸引到了街上，仅仅几秒钟，等埃默里夫人回过头来，发现桌子上所有的东西——包括不值钱的人造石榴石和那颗珍贵的绿宝石，全都不见了。埃默里夫人马上报了案，探长里尔带着助手马上来到了现场。里尔查看了一番后对埃默里夫人说："街上的撞车事件一定是为了转移视线。"

很快，里尔就在一个胡同里，找到了一个布袋，打开一看，布袋里是闪闪发光的人造蓝宝石、鸡血石，可就是没有了那颗绿宝石。

"看来窃贼只想要绿宝石呀！我估计这一定是本行业里面人士干的。"探长说道。

听探长这么一说，埃默里夫人马上恍然大悟，对探长说道："我知道窃贼是谁了。"

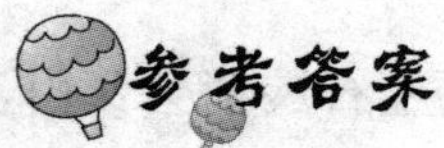

埃默里夫人想到了这个窃贼一定是个色盲，因为他当时没有只偷绿宝石。而是把所有的宝石全偷走，就是想让他的同伙从这堆宝石里挑走那颗绿宝石，因此，埃默里夫人一下子就判断出了那个穿着一只褐色袜子和一只蓝色袜子的克劳斯是色盲，也就是行窃者。

北极圈

这是镇上今年冬天下的第一场下雪，雪下得很大，地上积雪很深，大约有 30 厘米。就在当天晚上，镇上那家小银行发生了失窃案，窃贼盗走了银行保险箱里所有的现金。

警察马上开始调查，发现了一个可疑对象，他是个单身汉，两个星期前刚刚在银行附近租了一间平房。

第二天一早,警长带着两名警察来到了这个人的住处。这间平房外表看上去很简陋,房子的屋檐上还挂着几根长长的冰柱。

这个男子打开门出来之后,警长对他进行了询问:“昨天晚上你在哪里?”

“我两天前就到外地去了,今天早晨刚刚回来,还不到一个小时。”

警长看了看他的屋子外面,厉声说道:“你在撒谎!”

警长为什么会这么说?

警长是从屋檐上挂着的冰柱推断出来的。昨天夜里才下雪,第二天早上屋檐上就有了冰柱,说明夜里有人在屋里使用过电暖炉之类的东西取暖,导致屋里与屋外温差很大,因此屋檐上结了冰柱。这个人既然是单身,因此昨天夜里他一定在家。他说两天前就出门到外地去,完全是在撒谎。

思维小故事

凶手是谁

在旧金山的一家宾馆里面,有位客人服毒自杀了。名探劳伦接到报案后前往现场调查。

被害者是一位中年绅士。从表面上看,他是因中毒而死。

“这个英国人两天前就住在这里,桌上还留有遗书。”旅馆负责人指着桌上的一封信说。

劳伦小心翼翼地拿起遗书细看，全文是用打字机打出来的，只有签名及日期是用笔写上的。

劳伦凝视着信上的日期——3.15.99，然后像是得到答案似的说："若死者是英国人，则这封遗书肯定是假的。相信这是一宗谋杀案，凶手可能是美国人。"

究竟劳伦凭什么这么说呢？

参考答案

劳伦是看了信上的日期后，才推断凶手可能是美国人的。因为英国人写时间是先写日期。

犯罪嫌疑人

一天早晨，在单身公寓3楼301室，好玩麻将的年轻数学教师被杀，是啤酒瓶子击中头部致死的。

在他的房里面有一张麻将桌，丢着很多麻将牌；死者死时手里还摸着一张牌，大概是在断气前，想留下凶手的线索而抓住的。

被害人昨晚同朋友玩麻将，一直玩到夜里10点左右。这就是说，凶手是在等人都走了以后才下手的。

通过调查，警察找到了4名犯罪嫌疑人。这4人都与被害人住在3楼。

他们是：住在307号房间的无业游民张某；住在312号房间的个体户钱某；住在314号房间的汽车司机孙某；住在320号房间的外地人陈某。

那么，凶手是谁？

参考答案

根据数学教师的特点去找答案。凶手是住在314号房间的汽车司机孙某。

被害人手里握着的麻将牌，与圆周率"π"谐音。圆周率是3.14159……，一般按3.14计算，

暗示凶手是住314号房间的人。

盗贼被电死

洛瑞是个探险家,还是个鱼类爱好者。他每到一个地方,就会带那里的特色鱼回家。他家的客厅里摆放着各种形状的鱼缸,里面养着他从世界各地搜罗回来的鱼。他的家可以称得上是一个鱼类博物馆了。

一天夜里,洛瑞夫妇外出旅行,只剩下一个佣人和两个女儿在家。了解到这个情况以后,一个卖观赏鱼的家伙偷偷溜进了洛瑞的家。他对洛瑞收藏的鱼垂涎已久,他一进去就先把洛瑞家安装的防盗警报的电线割断了。

然而,他的运气不好,在黑暗中,他不小心将很大的养热带鱼的鱼缸碰翻在地板上,鱼缸摔碎了,他也摔倒在地。在他慌忙起身的时候,突然"啊——"地惨叫一声,全身抽搐立马死亡了。

听到惨叫声的佣人立刻拨打电话报警。

警察勘察现场发现,电线被割断了,室内完全是停电状态。鱼缸里的恒温计也停了。盗贼的死因是触电。当刑警们正迷惑不解之际,接到电话的洛瑞先生匆忙赶了回来,他一看现场便吃了一惊,指着躺在地上死去的那条湿漉漉的大鱼说:"难怪盗贼会被电死,这正是多行不义必自毙啊。"

你知道盗贼为什么会被电死吗?

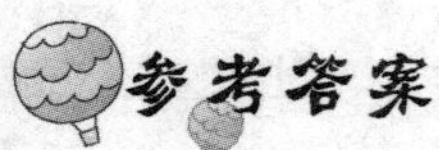

地板上躺着的是产于非洲的电鳗,它能够产生650~850伏的电压。在黑暗中,电鳗在鱼缸破碎后便爬到地板上,碰到了盗贼的身体,电鳗受到惊吓而放电,使盗贼触电死亡。